开关柜检测技术
及典型故障案例分析

国网宁夏电力有限公司电力科学研究院　组编

内 容 提 要

本书系统介绍开关柜在线监测、带电检测技术及典型的故障处理案例，包括高压开关柜的基本参数与常见结构、开关柜带电检测技术、开关柜在线监测技术、开关柜典型故障案例。本书包含了作者多年从事变电设备管理及高电压绝缘工作的研究成果与工作经历，也融合了国网宁夏电力有限公司多年来在开关柜运维、检测、检修等方面的实践经验。本书对推动开关柜技术发展与从业人员技能水平提升具有重要意义。

本书各章节内容既顺承有序，也具备一定的独立性，读者可根据自身需要进行学习。本书可供从事电力系统开关柜运维、检修、试验、检测工程技术人员以及相关生产制造单位、相关科研院所的专业技术人员和管理人员使用，也可作为高等学校相关专业学生教学及参考用书。

图书在版编目（CIP）数据

开关柜检测技术及典型故障案例分析 / 国网宁夏电力有限公司电力科学研究院组编. —北京：中国电力出版社，2023.12

ISBN 978-7-5198-8295-2

Ⅰ.①开… Ⅱ.①国… Ⅲ.①高压开关柜 - 故障检测 - 案例 Ⅳ.①TM591.07

中国国家版本馆 CIP 数据核字（2023）第 211839 号

出版发行：中国电力出版社
地　　址：北京市东城区北京站西街 19 号（邮政编码 100005）
网　　址：http://www.cepp.sgcc.com.cn
责任编辑：陈　丽（010-63412428）
责任校对：黄　蓓　朱丽芳
装帧设计：赵丽媛
责任印制：石　雷

印　　刷：廊坊市文峰档案印务有限公司
版　　次：2023 年 12 月第一版
印　　次：2023 年 12 月北京第一次印刷
开　　本：710 毫米 ×1000 毫米　16 开本
印　　张：11.75
字　　数：173 千字
定　　价：75.00 元

编　委　会

主　　编　周　秀　陈　磊

副 主 编　张建国　相中华　郭文东　王　博　于家英

编写人员　付晨晓　朱　林　史　磊　刘　垚　王少杰

倪　辉　金海川　田　天　李文冬　白　金

马永强　王　景　高小奇　张　明　殷　健

王　玮　孙尚鹏　徐玉华　罗　艳　咸永强

马宇坤　戴龙成　马飞越　严　岩　何宁辉

田　禄　张福荣　蒋　芮　路宏勇　王东方

张庆平　魏　莹　刘威峰　马云龙　刘宁波

牛　勃　陈　彪　姚志刚　王　玺　张鹏程

李小伟　赵宏宝　马　鑫　祁玉金　刘廷堃

崔　鹏　王晓康　董慎学　高　旭　吴　杨

云明轩　沙伟燕　祁升龙　唐　婷　张少敏

张　恒　郝　茗　唐长应　马圣威

前　言

开关柜（又称成套开关或成套配电装置）是以断路器为主的电气设备，是指生产厂家根据电气一次主接线图的要求，将有关的高低压电器（包括控制电器、保护电器、测量电器）以及母线、载流导体、绝缘子等装配在封闭的或敞开的金属柜体内，作为电力系统中接受和分配电能的装置。开关柜在电力系统中装用量较大，存在着制造水平参差不齐、内部构件复杂多样、设备寿命趋于老化、停电检修较为困难等诸多特点，进而形成当前高压开关柜频繁出现异响、放电、受潮、过热、击穿、爆炸等缺陷，严重影响了从业人员的人身安全、电力系统运行及社会经济的稳定性。

本书对作者团队在高压开关柜检测技术及故障处理领域所积累的经验进行阐述，可以帮助读者快速掌握开关柜的基本原理与特点，其在带电检测、在线监测技术方面的应用与发展，典型故障处理的方法与原则均可供相关专业人员参考。

为方便不同需求读者阅读，本书从开关柜基本概念、特点及使用条件入手，较为全面地展示了开关柜知识体系，进而对开关柜常用带电检测手段及其应用进行详细说明；同时，本书为广大读者介绍了在线前沿监测技术的应用；最后，对多年来的开关柜故障案例进行分类阐述，详细展示了故障机理及处理过程。

限于作者水平，书中不妥和错误之处在所难免，恳请专家、同行和读者给予批评指正。

作　者

2023年10月

目 录

1 概　　述

1.1　基本概念、特点及使用条件

1.1.1　基本概念

开关柜（又称成套开关或成套配电装置）是以断路器为主的电气设备，是指生产厂家根据电气一次主接线图的要求，将有关的高低压电器（包括控制电器、保护电器、测量电器）以及母线、载流导体、绝缘子等装配在封闭的或敞开的金属柜体内，作为电力系统中接受和分配电能的装置，是高压开关、控制、测量、保护装置、电气联结（母线）、外壳、支持件等组成的总称。开关柜防护要求中的“五防”指：防止误分误合断路器、防止带电分合隔离开关、防止带电合接地开关、防止带接地分合断路器、防止误入带电间隔。开关柜中母排位置相序对应关系如表 1-1 所示。

表 1-1　　母排位置相序对应关系

相别	漆色	母线安装相互位置		
		垂直	水平	引下线
A 相	黄	上	远	左
B 相	绿	中	中	中
C 相	红	下	近	右

开关柜的防护等级是指外壳、隔板及其他部分防止人体接近带电部分和触及运动部件以及防止外部物体侵入内部设备的保护程度。通常分为 6 个等级（见表 1-2）：① IP1X 指防止包括直径大于 50mm 的固体进入壳内、防止人体某一大面积部分（如手）意外触及壳内带电部分或运动部件；② IP2X

指防止包括直径大于 12.5mm 的固体进入壳内、防止手触及壳内带电部分或运动部件；③ IP3X 指防止包括直径大于 2.5mm 的固体进入壳内、防止厚度（直径）大于 2.5mm 工具或金属线触及柜内带电部分或运动部件；④ IP4X 指防止包括直径大于 1mm 的固体进入壳内、厚度（直径）大于 2.5mm 工具或金属线触及柜内带电部分或运动部件；⑤ IP5X 指能防止灰尘进入达到影响产品的程度以及完全防止触及柜内带电部分或运动部件；⑥ IP6X 指完全防止灰尘进入壳内以及完全防止触及柜内带电部分或运动部件。

表 1-2　开关柜的防护等级

防护等级	防护范围	作用
IP1X	防止直径大于 50mm 的物体	（1）防止直径大于 50mm 的固体进入壳内； （2）防止人体某一大面积部分（如手）意外触及壳内带电部分或运动部件
IP2X	防止直径大于 12.5mm 的物体	（1）防止直径大于 12.5mm 的固体进入壳内； （2）防止手触及壳内带电部分或运动部件
IP3X	防止直径大于 2.5mm 的物体	（1）防止直径大于 2.5mm 的固体进入壳内； （2）防止厚度（直径）大于 2.5mm 工具或金属线触及柜内带电部分或运动部件
IP4X	防止直径大于 1mm 的物体	（1）防止直径大于 1mm 的固体进入壳内； （2）防止厚度（直径）大于 1mm 工具或金属线触及柜内带电部分或运动部件
IP5X	防尘	（1）能防止灰尘进入达到影响产品的程度； （2）完全防止触及柜内带电部分或运动部件
IP6X	尘密	（1）完全防止灰尘进入壳内； （2）完全防止触及柜内带电部分或运动部件

1.1.2　开关柜的主要特点

（1）有一、二次方案，这是开关柜具体的功能标志，包括电能汇集、分配、计量和保护功能电气线路。一个开关柜有一个确定的主回路（一次回路）方案和一个辅助回路（二次回路）方案，当一个开关柜的主方案不能实现时可以用几个单元方案来组合而成。

（2）开关柜具有一定的操作程序及机械或电气联锁机构，实践证明，无“五防”功能或“五防”功能不全是造成电力事故的主要原因。

（3）具有接地的金属外壳，其外壳有支撑和防护作用。因此要求它应具有足够的机械强度和刚度，保证装置的稳固性，当柜内产生故障时，不会出现变形、折断等外部效应，同时也可以防止人体接近带电部分和触及运动部件，防止外界因素对内部设施的影响；以及防止设备受到意外的冲击。

（4）具有抑制内部故障的功能，“内部故障”是指开关柜内部电弧短路引起的故障，一旦发生内部故障要求把电弧故障限制在隔室以内。

1.1.3 开关柜正常使用条件

（1）环境温度。周围空气温度不超过40℃（上限），一般地区为−5℃（下限），严寒地区可以为−15℃。环境温度过高，金属的导电率会减低，电阻增加，表面氧化作用加剧；过高的温度也会使柜内的绝缘件的寿命大大缩短，绝缘强度下降。反之，环境温度过低，在绝缘件中会产生内应力，最终会导致绝缘件的破坏。

（2）海拔。一般不超过1000m。对于安装在海拔1000m以上的设备，外绝缘的绝缘水平由所要求的绝缘耐受电压乘以修正系数K_a[$K_a=1\div(1.1-H\times10^{-4})$]来决定。由于高海拔地区空气稀薄，电器的外绝缘易击穿，所以采用加强绝缘型电器，加大空气绝缘距离，或在开关柜内增加绝缘防护措施。

（3）环境湿度。日平均值不大于95%，月平均值不大于90%。

（4）地震烈度。不超过8度。

（5）其他条件。没有火灾、爆炸危险、严重污染、化学腐蚀及剧烈振动的场所。

1.2 开关柜内部构成

开关柜类型较多，不同类型的开关柜结构不同，尤其是固定式开关柜和移开式（手车式）开关柜的结构差异较大，不同型号的固定式开关柜之间和不同型号的移开式开关柜之间的基本结构大同小异。下面先介绍一种固定式开关柜和一种移开式开关柜的基本结构，然后对高压开关柜的各组成部件进行介绍。

1.2.1 固定式开关柜基本结构

图1-1为12kV XGN系列户内箱式固定式开关柜结构示意图。它采用金

属封闭箱式结构，柜体骨架用角钢焊接而成，柜内分为断路器室、母线室、电缆室、继电器仪表室。室与室之间用钢板隔开。真空断路器的下接线端子与电流互感器连接，电流互感器与下隔离开关的接线端子连接。断路器上接线端子与上隔离开关的接线端子相连接。断路器室设有压力释放通道，若产生内部故障电弧，气体可通过排气通道将压力释放。

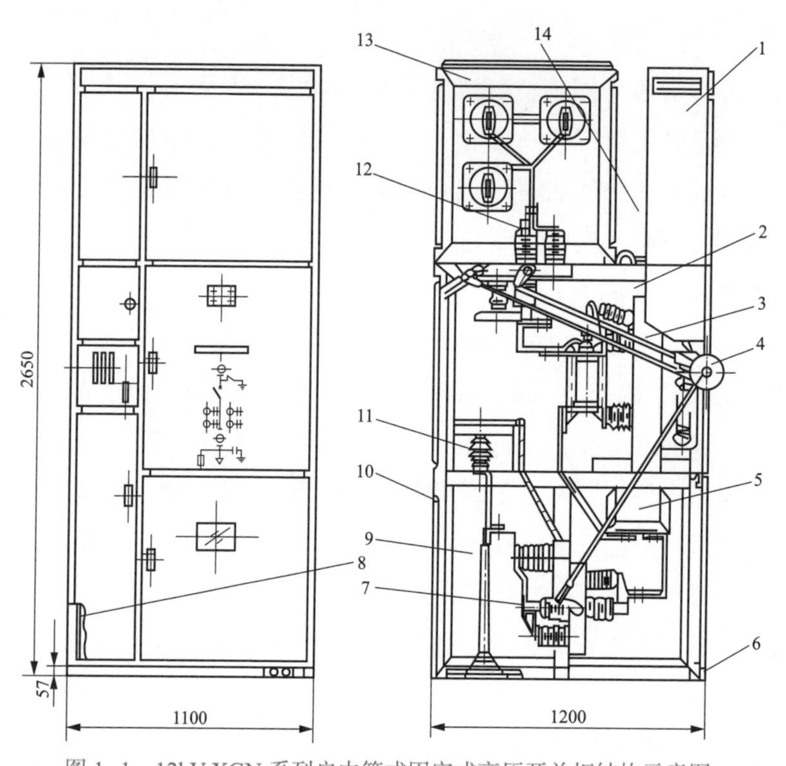

图 1-1　12kV XGN 系列户内箱式固定式高压开关柜结构示意图

1—继电器仪表室；2—断路器室；3—真空断路器及其操动机构；4—操动机构联锁；5—电流互感器；6—接地母线；7—下隔离开关及传动机构；8—二次电缆安装槽；9—电缆室；10—支柱绝缘子（或带电显示装置）；11—避雷器；12—上隔离开关及传动机构；13—母线室；14—压力释放通道

1.2.2　移开式开关柜基本结构

图 1-2 为 KYN28A-12 型户内铠装移开式开关柜的结构示意图。它分为柜体和可移开部件（简称小车或手车）两部分。手车为中置式，根据小车所配置的主回路电器的不同，小车可分为断路器小车、电压互感器小车、隔离小车和计量小车，小车由运载车装入柜体。断路器小车的结构外形如图 1-3

（a）所示。主要的电器元件有断路器（装在小车上）、电流互感器、主母线、接地开关和隔离静触头座等。

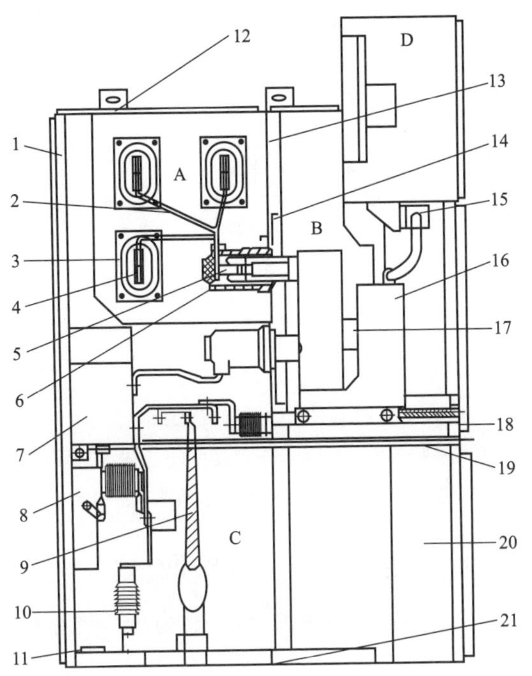

图 1-2　KYN28A-12 型户内铠装移开式开关柜的结构示意图

A—母线室；B—手车室；C—电缆室；D—继电器仪表室；

1—外壳；2—分支母线；3—母线套管；4—主母线；5—静触头装置；6—静触头盒；7—电流互感器；8—接地开关；9—电缆；10—避雷器；11—接地母线；12—可卸式隔板；13—隔板（活门）；14—泄压装置；15—二次插头；16—断路器手车；17—加热装置；18—可抽出式水平隔板；19—接地开关操动机构；20—控制小线槽；21—底板

柜体由型钢、薄铜板弯制焊接或由薄铜板构件组装而成，柜内由接地的薄铜板分隔成：母线室、手车室、电缆室和继电仪表室 4 个独立的隔室。柜体的后下侧称为电缆室，安装有电缆和电流互感器。其上为主母线室。隔室之间由隔板隔开，以保障检修时的安全。柜体前面是继电器室和小车室。依靠推进机构使装有断路器等的小车在导轨上前后运动。向内推入能使断路器上下两个隔离动触头插入隔离静触头座完成电路连接；反之，当断路器开断电路后，将小车向外拉出，隔离动、静触头分开，形成明显的隔离间隙，相当于隔离开关的作用。利用专用的运载车［见图 1-3（b）］可将装有断路器的小车方便地推入或拉出柜体。

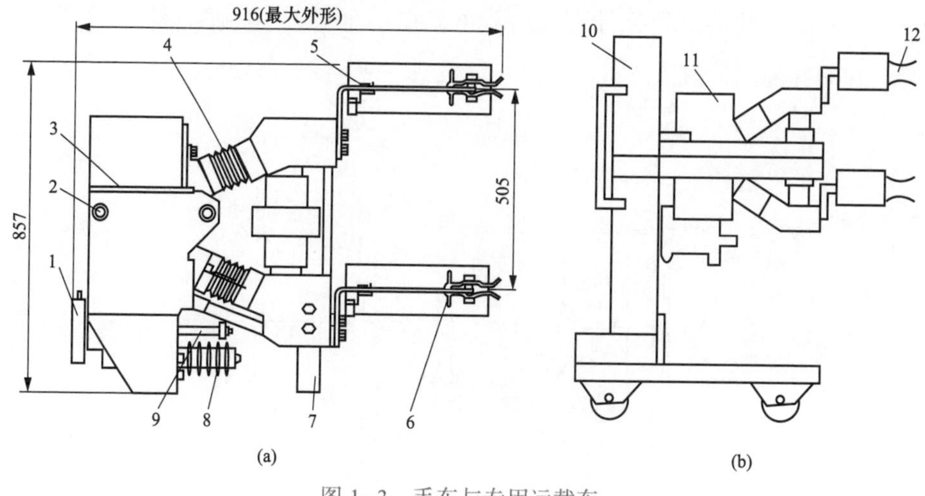

图 1-3　手车与专用运载车

（a）手车；（b）专用运载车

1—固定部分；2—滚轮；3—接地体；4—真空断路器；5—上隔离动触头；6—下隔离动触头；7—支架；8—氧化锌避雷器；9—推进杆；10—运载车；11—手车；12—隔离静触头

当断路器出现严重故障或损坏时，同样可使用专用的运载车将断路器小车拉出柜体进行检修。也可换上备用的断路器小车，推入柜体内继续工作。

1.2.3　开关柜组成部件

（1）运输单元。运输单元是不需拆开而适用于运输的开关柜的一部分。固定式开关柜的整体只能作为一个运输单元，而移开式开关柜的柜体和手车则可以作为两个运输单元。

（2）功能单元。功能单元包括共同完成一种功能的所有主回路及其他回路的元件。功能单元可以根据预定的功能来区分，如进线单元、馈出单元等。

（3）外壳。外壳是开关柜的基础，具有支撑内部元件和构件，以及保护内部设备不受外界影响，防止人员接近或触及带电部分和触及运动部分的作用。外壳由骨架、左右侧板、隔室隔板、前后盖板或门、顶盖和底部的封板构成，这些部件均用金属材料制作，绝缘隔板由绝缘材料制作。柜体可分为焊接柜体和组装柜体两种结构形式。

（4）隔室。隔室除互相连接、控制或通风所必要的开孔外，其余均封闭。隔室可以用内装的主要元件命名，如断路器隔室、母线隔室等。隔室之间互相连接所必需的开孔，应采用套管或类似的方式加以封闭。母线隔室可以通过功能单元连通而无需采用套管或类似的其他措施。

（5）充气隔室。充气隔室是充气式开关柜的隔室形式，通过可控压力系统、封闭压力系统或密封压力系统来保持气体压力。几个充气隔室可以互相连接到一个公共的气体系统（气密性装配）。

（6）元件。元件是开关柜的主回路和接地回路中完成规定功能的主要组成部分，如断路器、负荷开关、接触器、隔离开关、接地开关、熔断器、互感器、套管、母线等。

（7）隔板。隔板将一个隔室与另一个隔室隔开。

（8）活门。活门具有两个可转换的位置，在打开位置，它允许可移开部件的动触头插入静触头；在关闭位置，它成为隔板或外壳的一部分，遮住静触头。

（9）套管。套管是具有一个或多个导体通过外壳或隔板并使导体与外壳或隔板绝缘的一种结构，包括其固定的附件。

（10）可移开部件。可移开部件指能够从开关柜中完全移开并能替换的部件，主回路带电时（但不带负荷）也不例外。

（11）可抽出部件。可抽出部件也是一种可移开部件，它可以移动到使分离的触头之间形成隔离断口或分隔，此时，仍与外壳保持机械联系。

（12）分隔。分隔是导体的一种布置方式，即将接地的金属板插在导体与导体之间，使得破坏性放电只能发生在导体对地之间。分隔可以建立在导体与导体之间，也可以建立在开关的同极触头之间。

（13）主回路。主回路是开关柜中用来传输电能的所有导电部分。连接到电压互感器的连接线不作为主回路考虑。

（14）辅助回路。辅助回路是开关柜中除主回路外的所有控制、测量、信号和调节回路的导电部分。

1.3 开关柜分类

1.3.1 开关柜类型

开关柜是3～35kV交流金属封闭开关设备的俗称，它是在3～35kV电网中大量使用的配电设备。按柜体结构可将开关柜可分为半封闭式开关柜和金属封闭式开关柜两大类。

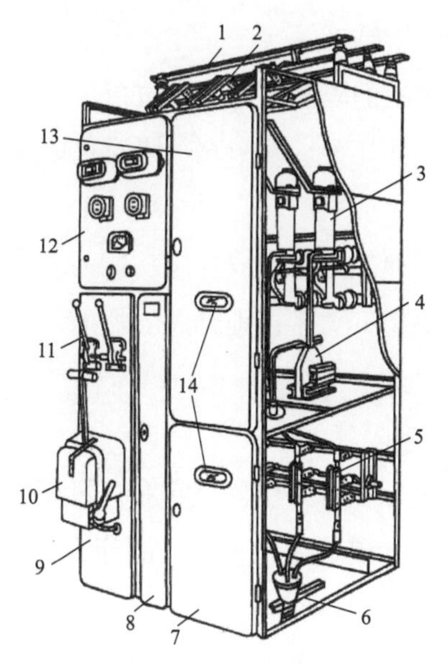

图 1-4 GG-1A（F）型半封闭式开关柜结构示意图

1—母线；2—母线隔离开关；3—少油断路器；4—电流互感器；5—线路隔离开关；6—电缆头；7—下检修门；8—端子箱门；9—操作板；10—断路器手动操作机构；11—隔离开关的操动机构手柄；12—仪表继电器屏；13—上检修门；14—观察窗口

1.3.1.1 半封闭式开关柜

这种开关柜中离地面 2.5m 以下的各组件安装在接地金属外壳内，2.5m 及以上的母线或隔离开关无金属外壳封闭。半封闭式开关柜母线外露，柜内元件也不隔开。图 1-4 是国内较早生产的 GG-1A（F）型半封闭式开关柜的结构示意图。

因半封闭式开关柜具有结构简单、制造容易、价格低廉、柜内检修空间大等优势，曾获得广泛应用，在电网中安装量占比很大。但由于母线敞开式结构、防护性能差等，威胁电网安全运行，因此这种产品已经逐步淘汰。

1.3.1.2 金属封闭式高压开关柜

制造厂根据用户对高压线路一次接线的要求，将高压断路器、负荷开关、熔断器、隔离开关、接地开关、避雷器、互感器以及控制、测量、保护等装置和内部连接件、绝缘支撑件和辅助件固定连接后安装在一个或几个接地的金属封闭外壳内（只有进出线除外），这样的成套配电装置称为金属封闭式高压开关柜。

金属封闭式高压开关柜以大气绝缘或复合绝缘作为柜内电气设备的外绝缘，柜中的主要组成部分都安放在由隔板相互隔开的各小室内，隔室间的电路连接通过套管或类似方式完成。图 1-5 是 KYN 系列金属封闭式开关柜的结构示意图。

金属封闭式高压开关柜的种类较多，结构差异较大，可按以下方式来分类：

（1）按柜内整体结构分类。

1）铠装式开关柜。铠装式开关柜的主要组成部分，如断路器、电源侧的进线母线、馈电线路的电缆接线处、继电器等，都安放在由接地的金属隔板

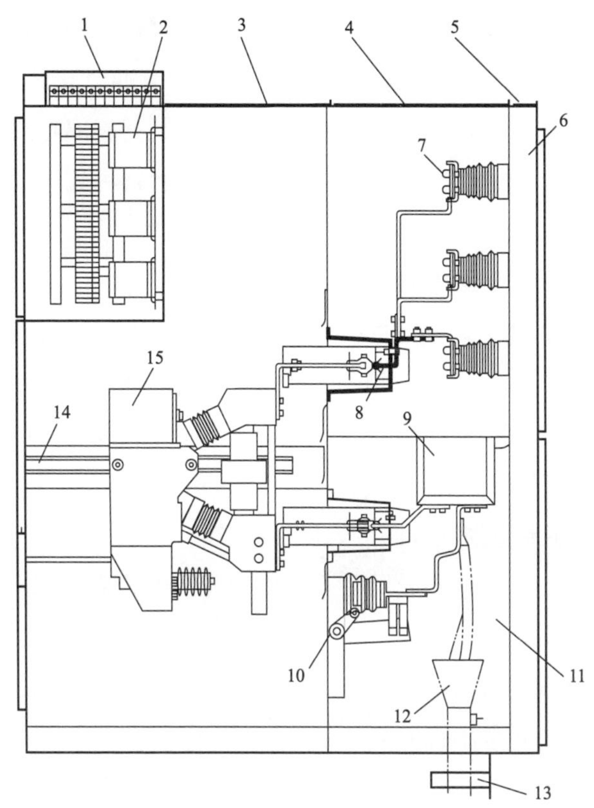

图 1-5　KYN 系列金属封闭式高压开关柜的结构示意图

1—小母线室；2—继电器仪表室；3—手车室排气；4—母线室排气门；5—电缆室排气门；
6—电缆室排气通道；7—主母线；8—一次隔离触头；9—电流互感器；10—接地开关；
11—电缆室；12—电缆；13—零序电流互感器；14—导轨；15—断路器手车

相互隔开的各自小室内，断路器安装在可移动的手车上，断路器室的静触头活门均采用金属板材作隔离。隔室间的电路连接通过套管或类似方式完成，如 KYN28A 型。

2）间隔式开关柜。某些组件分设于单独的隔室内（与铠装式开关柜一样），但具有一个或多个非金属隔板，隔板的防护等级应达到 JP2X～JP5X（或者更高）的要求，如 JYN 型。

3）箱式开关柜。除铠装式和间隔式以外的金属封闭式高压开关柜统称为箱式金属封闭开关柜。它的隔室数量少于铠装式和间隔式甚至不分隔室，一般只有金属封闭的外壳，如 XGN 型。

以上三种类型的开关柜中，间隔式和铠装式均有隔室，但间隔式的隔室一般用绝缘板，而铠装式的隔室用金属板。用金属板的好处是可将故障电弧限制在产生的隔室内。若电弧触及金属隔板，即可通过接地母线引人地内。而在间隔式中，电弧有可能烧穿绝缘隔板，进入其他隔室甚至窜入其他柜子。箱式柜结构简单、尺寸小、造价低，但安全性、运行可靠性远不如铠装式和间隔式。

（2）按柜体的形成方式分类。

1）焊接式。柜体是焊接而成的，箱体尺寸准确度差，易变形。

2）组装式。将金属板根据柜体尺寸剪裁成各种板块并带组装螺孔，再用螺栓和拉铆螺母紧固而成。其误差较小，互换性好。以前多用焊接式，现在基本上全部采用组装式。

（3）按柜内主要电器元件固定的特点分类。

1）固定式。柜内所有电器元件都是固定安装的，该方式结构简单，价格较低。

2）移开式。又叫手车式，柜内主要电器元件（如断路器、电压互感器、避雷器等）安装在可移开的小车上，小车中的电器与柜内电路通过插入式触头连接。

移开式开关柜由柜体和可移开部件（简称小车）两部分组成，根据小车所配置的主电器的不同，小车可分为断路器小车、电压互感器小车、隔离小车和计量小车等。移开式开关柜具有检修方便，恢复供电时间短的优点。当小车上的电器设备（如断路器）出现严重故障或损坏时，可方便地将小车拉出柜体进行检修，也可换上备用的小车，推入柜体内继续工作，大大缩短了线路的停电时间。

移开式开关柜又分为落地式和中置式两种形式。

采用落地式移开式开关柜的小车本身落地，在地面上推入或拉出。而采用中置式的小车装于柜子中部，小车的装卸需要专用装载车，图 1-5 所示的 KYN28A 开关柜就是中置式的。图 1-6 是 JYN6-10 型移开式交流金属封闭式高压开关柜的结构示意图，其断路器小车是落地式的。

与落地式开关柜相比，中置式开关柜具有更多的优点。由于中置式小车的装卸在装载车上进行，小车在轨道上推拉，这样就避免了地面质量对小车推拉的影响。中置式小车的推拉是在门封闭的情况下进行的，给操作人员以

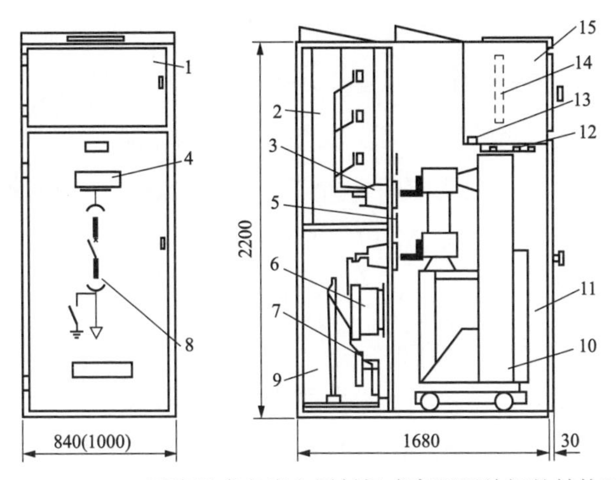

图 1-6　JYN6-10 型移开式交流金属封闭式高压开关柜的结构示意图

1—继电仪表板；2—母线室；3—触头座；4—观察窗；5—防护帘板；
6—电流互感器；7—接地开关；8—一次线路模拟牌；9—电缆室；10—手车；
11—手车室；12—行程开关；13—照明灯；14—继电器屏；15—继电仪表室

安全感。中置柜的柜体下部分空间较大，方便电缆的安装与检修，还可安置电压互感器和避雷器等，以充分利用空间。所以，移开式高压开关柜大都采用中置式小车。

（4）按母线形式分类。可分为单母线柜、双母线柜、双母线带旁路母线柜、单母线分段带旁路母线柜。

3～35kV 供配电系统的主接线大都采用单母线，因此高压开关柜大都是单母线柜。但有的 3～35kV 供配电系统的主接线采用双母线或单母线带旁路母线，以提高供电可靠性，这就要求开关柜中有两组主母线，因此母线室的空间较大。图 1-7 是 XGN66-10-11 型开关柜主回路，它有两组主母线（主母线与旁路母线）。

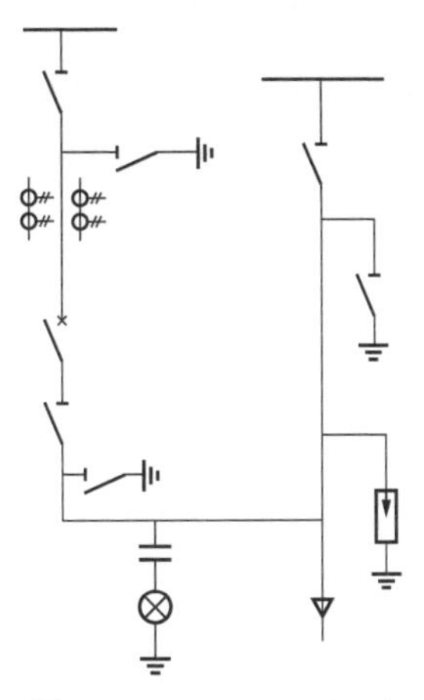

图 1-7　XGN66-10-11 型开关柜主回路

（5）按安装场所分类。按安装场所分为户内式和户外式。户外式开关柜的技术特点是封闭式、防水渗漏、防尘。从使用环境看，对于高原、高寒、重污秽地区使用的开关柜，其电气间隙和爬电比距应加大，就 12kV 开关柜而言，相间和相对地空气绝缘距离应达到180mm，柜内采用大爬距的绝缘子（或套管）。

（6）按柜内绝缘介质分类。

1）空气绝缘柜。空气作为开关柜导电回路的相间、相对地绝缘介质，当相间、相对地净距达不到要求时，可使用热缩绝缘套、绝缘罩或绝缘挡板，母线系统可为间隔式或贯通式。以空气绝缘的金属封闭开关设备由于受到大气绝缘性能的限制，占地面积和空间都较大。另外，柜内各种电器暴露在大气中，绝缘性能受环境的影响较大。

2）SF_6气体绝缘柜。采用绝缘性能优良的SF_6气体代替空气作为绝缘的全封闭式金属封闭开关设备。其中12～40.5kV的SF_6气体绝缘金属封闭开关设备采用柜形箱式结构，称为箱式气体绝缘金属封闭开关设备（cubicle type gas insulated switchgear，C-GIS），简称为充气式开关柜。充气式开关柜的真空断路器或SF_6气体断路器、隔离开关（或三位置开关）母线等电器元件安装在气密的非导磁金属容器中，内充SF_6气体，作为相间、相地、三位置开关断口间绝缘介质，SF_6气体压力一般为0.02～0.05MPa。SF_6气体绝缘高压开关柜的最大特点是不受外界环境条件的影响，可用在环境恶劣的场所。另外，由于使用性能优良的SF_6绝缘，大大缩小了柜体的外形尺寸。

（7）按柜内主元件的种类分类。

1）断路器柜。主开关元件为断路器的成套金属封闭开关设备，也叫通用柜。

2）F-C回路柜。主开关元件采用高压限流熔断器（fuse）——高压接触器（contactor）组合电器。

3）环网柜。主开关元件采用负荷开关或负荷开关——熔断器组合电器，常用于环网供电系统，故通常称为环网柜。

1.3.2 高压开关柜的型号

我国传统系列高压开关柜全型号格式为：

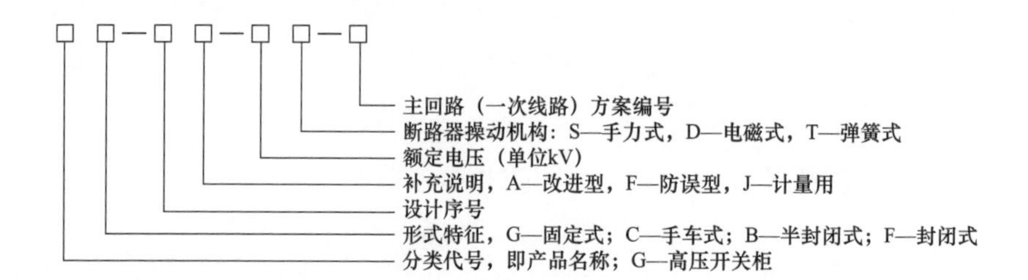

我国新系列高压开关柜全型号格式为：

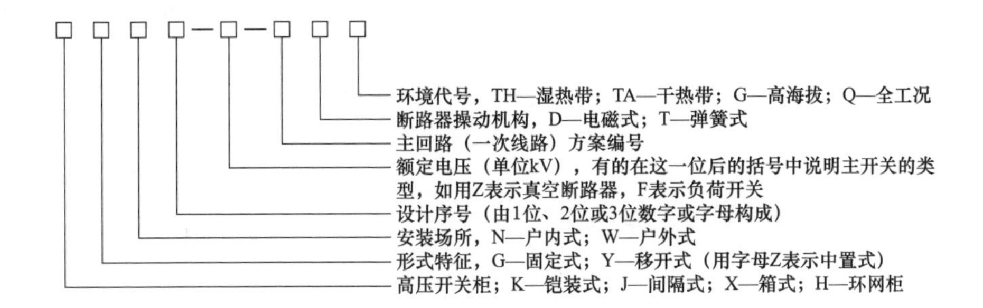

1.3.3 开关柜主要技术参数

开关柜的主要技术参数有额定电压、额定绝缘水平、额定频率、额定电流、额定短时耐受电流、额定峰值耐受电流、防护等级。

1）额定电压。

2）额定绝缘水平：用 1min 工频耐受电压（有效值）和雷电冲击耐受电压（峰值）表示。

3）额定频率。

4）额定电流：指柜内母线的最大工作电流。

5）额定短时耐受电流：指柜内母线及主回路的热稳定度，应同时指出“额定短路持续时间”，通常为 4s。

6）额定峰值耐受电流：指柜内母线及主回路的动稳定度。

7）防护等级。

表 1-3 是 KYN12-10 开关柜的主要技术参数。

表 1-3　　KYN12-10 高压开关柜的主要技术参数

项目		数据		
额定电压（kV）		3.6	7.2	12
额定绝缘电压	1min 工频耐受电压（有效值，kV）	42	42	42
	雷电冲击耐受电压（峰值，kV）	75	75	75
额定频率（Hz）		50		
额定电流（A）		630、1000	1250、1600	2000、3000、3150

续表

项目	数据		
额定短时耐受电流（1s，rms，kA）	20、31.5	31.5、40	40
额定峰值耐受电流（0.1s，kA）	50	50、80	100
防护等级	IP4X（柜门打开时为 P2X）		

1.4 开关柜结构特点

前文已对开关柜的结构和类型进行了介绍，本节将选取一些典型的产品，对其特点进行剖析。

1.4.1 KYN28A-12 型中置式手车柜

以 KYN28A-12（GZSI）型中置式手车柜为例，对 10kV 电网中使用的中置式手车柜的特点进行剖析。

1.4.1.1 性能参数

KYN28A-12 型开关柜主要技术参数见表 1-4。

表 1-4　　KYN28A-12 型开关柜主要技术参数

项目		数据
额定电压（kV）		3.6、7.2、12
额定绝缘水平	1min 工频耐受电压（kV）	42/49
	雷电冲击耐受电压（kV）	75/85
额定频率（Hz）		50
主母线额定电流（A）		630、1250、1600、2000、2500、3150、4000
分支母线额定电流（A）		630、1250、1600、2000、2500、3150、4000
4s 短时额定耐受电流（kA）		16、20、25、31.5、40、50
额定峰值耐受电流（kA）		40、50、63、80、100、125
防护等级		外壳为 IP4X 隔板、断路器室门打开时为 IP2X

1.4.1.2 结构

KYN28A-12 是铠装式金属封闭开关设备，整体是由柜体和中置式手车两大部分组成，结构示意图如图 1-2 所示。

柜体分 4 个单独的隔室，外壳防护等级为 IP4X，各小室间和断路器室门打开时防护等级为lP2X。具有架空进出线、电缆出线及其他功能方案，经排列、组合后能成为各种方案形式的配电装置。可以从正面进行安装调试维护，因此它可以背靠背组成双重排列或靠墙安装。

（1）外壳。外壳采用敷铅辞薄钢板，经CNC机床加工，并采取多重折边工艺，这样使整个柜体不仅具有精度高、强的抗腐蚀与抗氧化作用，而且由于采用组装式结构，用拉铆螺母和高强度的螺栓联接而成。这样使加工生产周期短，零部件通用性强，便于组织生产。

（2）手车。手车骨架采用薄钢板，经CNC机床加工后组装而成。手车与柜体的绝缘配合、机械联锁安全、可靠、灵活。根据用途不同，手车分断路器手车、电压互感器手车、计量手车、隔离手车。各类手车按模数、积木式变化设计，同规格手车可互换。

手车在柜体内有断开位置、试验位置和工作位置，每一位置分别有定位装置，以保证联锁可靠。各种手车均用蜗轮、蜗杆摇动推进、退出，其操作轻便、灵活。

断路器手车上装有真空断路器及其他辅助设备。当手车用运载车运入柜体断路器手车室时，便能可靠锁定在断开位置或试验位置，而且柜体位置显示灯显示其所在位置。只有完全锁定后，才能摇动推进机构，将手车推向工作位置。手车到工作位置后，推进手柄即摆不动，其对应位置显示灯显示其所在位置。手车的机械联锁能可靠保证手车只有在工作位置或试验位置时，断路器才能进行合闸；只有断路器在分闸状态时，手车才能移动。

（3）隔室。主要一次电气元件都有其独立的隔室，即断路器手车室、母线室、电缆室、继电器仪表室，各隔室间防护等级达到IP2X。除继电器室外，其他隔室都分别有泄压通道。由于采用了中置式，电缆室空间大大增加，因此可接多路电缆。

1）手车室。隔室两侧安装了轨道，供手车在柜内移动。静触头盒的活门安装在手车室的后壁，当手从断开位置/试验位置移动到工作位置过程中，上、下静触头盒上的活门与手车联动，同时自动打开。当反方向移动时，活门则自动闭合，直到手车退至一定位置而完全覆盖住静触头盒，形成有效隔离。同时，由于上、下活门不联动，在检修时，可锁定带电侧的前门，从而保证检修维护人员在手车室门关闭时不触及带电体，手车同样能被操作，通过上门观察窗，可以观察隔室内手车所处位置、分合闸显示、储能状况。

在手车室的门上设置了手动操作紧急按钮，当电气操作出现异常情况时，可在门关闭状态下，通过按钮对断路器进行手动合、分操作。

2）母线室。主母线通过分支母线和静触头盒固定。主母线和联络母线为矩形截面的铜排，大负荷电流（>2000A）时，则采用两根D形铜管母线以平面对平面拼成外观为圆形的母线。支母线通过螺栓联接于静触头盒和主母线，不需要其他支撑。对于特殊需要，母线可用热缩套和联接螺栓绝缘套和端帽覆盖。相邻开关柜母线用套管固定，这样联接母线间所保留的空气缓冲，在万一出现内部故障电弧时，能防止其贯穿熔化，套管能有效地将事故限制在本柜内而不向其他柜蔓延。

3）电缆隔室。电缆室空间较大。电流互感器、接地开关装在隔室后壁上，避雷器安装于隔室后下部。将手车和可抽出式水平隔板门移开后，施工人员就能从正面进入柜内安装和维护。电缆室内的电缆连接导体，每相可并联1～3根单芯电缆，必要时每相可并接6根单芯电缆。连接电缆的柜底配制开缝的可卸式非金属板或不导磁金属封板，确保了施工方便。

4）继电器仪表室。继电器仪表室内可安装继电保护元件、仪表、带电显示装置指示器以及特殊要求的二次设备，控制线路敷设在足够空间的线槽内，并有金属盖板，可使二次线与高压室隔离。其左侧线槽是为控制母线的引进和引出预留的，开关柜自身内部的二次线设在右侧。在继电器仪表室的顶板上还留有便于施工的小母线穿越孔。接线时，仪表室顶盖板可供翻转，便于小母线的安装。若小母线采用次圆形铜棒小母线，则不能超过10路控制小母线；若小母线用电缆连接，则可敷设15路控制小母线。

（4）联锁装置。开关设备内装有安全可靠的联锁装置，满足“五防”要求。

1）仪表室门上装有提示性的按钮或者KK型转换开关，以防止误合、误分断路器。

2）断路器手车在试验或工作位置时，断路器才能进行合分操作，而且在断路器合闸后，手车无法移动，防止了带负荷误推拉断路器。

3）仅当接地开关处在分闸位置时，断路器手车才能从试验/断开位置移至工作位置；仅当断路器手车处于试验/断开位置时，接地开关才能进行合闸操作（接地开关可附装带电扭示装置），这就防止了带电误合接地开关及防止了接地开关处在闭合位置时关合断路器。

4）接地开关处于分闸位置时，下门及后门都无法打开；当接地开关处于合闸时，若下门或后门没有关上，接地开关不能分闸，防止了误入带电隔室。此外，还可以在接地开关操动机构上加装电磁锁定装置以提高可靠性。

5）断路器手车确实在试验或工作位置，而没有控制电压时，仅能手动分闸，不能合闸。

6）二次插头与手车的位置联锁。柜体上的二次线与断路器手车上的二次线的联络是通过手动二次插头实现的。二次插头的动触头通过一个尼龙波纹伸缩管与断路器手车相连，二次静触头座装设在开关柜手车室的右上方。断路器手车只有在试验 / 断开位置时，才能插上和拔出二次插头。断路器手车处于工作位置时由于机械联锁作用，二次插头被锁定不能拔出，断路器手车在二次插头未接通之前仅能进行分闸，所以无法使其合闸。

（5）泄压装置。对于开关柜，从设计上已经考虑到开关柜内部故障电弧防护。在断路器手车室、母线室和电缆室的上方均设有泄压装置，当断路器或母线发生内部故障电弧时，伴随电弧的出现，开关柜内部气压升高，装设在门上的特殊密封圈把柜前面封闭起来，顶部装设的泄压金属板自动打开，释放压力和排泄气体，以确保操作人员和开关柜的安全。

（6）带电显示装置。开关柜内设有带电显示装置，它由高压传感器和显示器两个单元组成，不但可以提示高压回路带电状况，而且还可以与电磁锁配合，实现强制锁定开关于柄，达到防止带电关合接地开关，防止误入带电间隔。

（7）防止凝露和腐蚀。为了防止在高湿度或温度变化较大的气候环境中产生凝露带来危险，在手车室和电缆室内分别装设加热器和凝露自动控制器，防止凝露和腐蚀。

（8）接地装置。在电缆室内设有 10mm × 40mm 的接地铜排，此铜排能贯穿相邻各柜，并与柜体良好接触。由于整个柜体用敷铝锌板相拼联，这样使整个柜体都处在良好接地状态之中，确保运行操作人员的安全。

1.4.2 KYN61-40.5 型落地式手车柜

以目前国内应用较广的 KYN61-40.5 型落地式手车柜为例，对 35kV 电网中使用的手车柜特点进行剖析。

1.4.2.1 性能参数

KYN61-40.5 型开关柜的主要技术参数见表 1-5。

表 1-5　　KYN61-40.5 型开关柜主要技术参数

项目		数据
额定电压（kV）		40.5
额定绝缘水平	1min 工频耐受电压（kV）	95
	雷电冲击耐受电压（kV）	185
额定频率（Hz）		50
主母线额定电流（A）		1250、1600、2000（2500）
额定短路开断电流（kA）		20、25、31.5
额定短路关合电流（kA）		50、63、80
4s 短时额定耐受电流（kA）		25、31.5
额定峰值耐受电流（kA）		50、63、80
防护等级		外壳为 IP4X 隔板、断路器室门打开时为 IP2X

1.4.2.2 结构

KYN61-40.5 型是铠装式金属封闭开关设备，由柜体和手车两大部分组成，如图 1-8 所示，具有电缆进出线、架空进出线、联络、计量、隔离及其他功能方案。

（1）柜体。柜体选用冷轧钢板或敷铝锌板经过数控钣金设备加工折弯形成，通过高强度螺栓、螺母或拉铆螺母组装。柜体各构件采用喷塑或表面镀锌工艺，这样柜体不仅具有很高的精度，而且具有质量小、机械强度高、外形美观的特点。

（2）手车。KYN61-40.5 型开关柜为落地手车柜。断路器手车由断路器和底盘车两部分构成。手车骨架由优质钢板折弯焊接而成，根据用途手车可分为断路器手车、隔离手车、电压互感器手车、避雷器手车等。同规格的手车可以互换。手车底盘车有丝杠螺母推进机构、超越离合器和联锁机构等。丝杠螺母推进机构可轻便地操作使手车在试验位置和工作位置之间移动，借助丝杠螺母自锁性可使手车可靠地锁定在工作位置，防止因电动力作用引起手车窜动引发事故。超越离合器在手车移动退至试验位置和进至工作位置到位

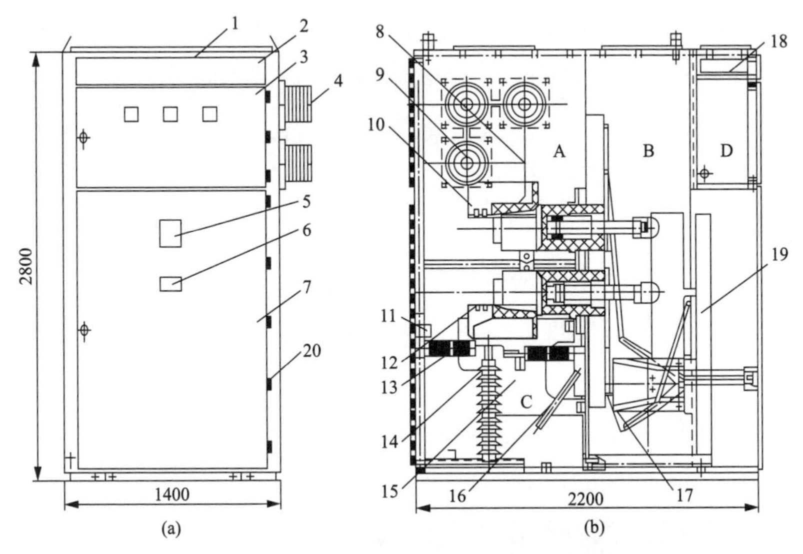

图 1-8　KYN61-40.5 型手车柜结构示意图

（a）正面结构示意图；（b）侧面结构示意图

A—母线室；B—手车室；C—电缆室；D—继电器仪表室；

1—柜体；2—小母线盖板；3—仪表室门；4—母线套管；5—一次模拟图；6—铭牌；7—手车室门；

8—主母线；9—支母线；10—触头盒；11—照明灯；12—电流互感器；13—绝缘子；14—避雷器；

15—绝缘板；16—接地开关；17—活门；18—小母线端子排；19—断路器手车；20—铰链

时起作用，使操作轴与丝杠自动脱离而空转，可防止超限操作损坏推进机构。

（3）隔室。柜体分为手车室、母线室、电缆室和继电器仪表室 4 个独立隔室，母线室、手车室、电缆室都设有泄压通道。

1）手车室。断路器手车室底部装有导轨，对手车在试验位置和工作位置间平稳运动起正确导向作用。触头盒前装有活门，上下活门在手车从试验位置移动到工作位置过程中自动打开；当手车反方向移动时自动关闭，形成有效的隔离。上下活门联动，检修时可锁定，以保证检修人员不会触及带电体。柜门关闭时手车可以操作，柜门上开有紧急分闸操作孔，在紧急情况下可手动分闸。通过门上的观察窗可以观察到手车所处位置。柜门上有断路器分合位置指示器及合闸弹簧储能状态指示。

2）母线室。主母线和分支母线通过触头盒固定，不需要其他绝缘子支撑。主母线为纯铜圆母线，联络母线和分支母线均为矩形截面铜排。相邻柜间用母线套管隔开，能有效防止事故蔓延，同时对主母线起到辅助支撑作用。母线均采用硫化涂覆绝缘。

3）电缆室。每相可并接1～3 根电缆，最多可并接 6 根单芯电缆。将手车和可抽出式水平隔板移开后，检修人员就可以从正面进入柜内，可对电流互感器、电压互感器、接地开关、避雷器等元件进行检修安装。柜底配置开缝的可拆卸式封板，方便电缆安装施工。

4）继电器仪表室。继电器仪表室内可安装继电保护控制元件、仪表等二次设备。二次线路敷设在线槽内并有金属盖板与高压部分隔离。

（4）防止误操作联锁装置。开关柜有可靠的防误联锁装置，可满足“五防”要求：

1）继电器仪表室门上有明显提示标志的操作按钮，以防误合误分断路器。

2）手车只有处在试验位置或工作位置时，断路器才能进行分合闸操作，而且断路器只有处在分闸位置时手车才能从试验位置推向工作位置，或者从工作位置退到试验位置，从而可靠地防止带负荷分合隔离触头。

3）只有手车在试验位置时，接地开关才能进行合闸操作；接地开关处于合闸状态时，手车不能推到工作位置。

4）接地开关处于分闸状态时，开关柜后门不能打开；反之，后门没有关闭时，接地开关不能分闸，防止误入带电间隔。不装接地开关的断路器柜、母线分段柜和母线联络柜等还需要相应的电磁锁（或程序锁）配合完成全部防误功能。

5）只有手车在试验位置时，二次线路连接插件才能插入或拔出；当手车在工作位置时，二次插件被锁定而不能拔出。

（5）接地装置。手车与柜体间有可靠的接地装置；电缆室内单独设有 5mm × 40mm 的接地铜排，此铜排能贯穿整个排列，与柜体接触良好，供直接接地元件使用，从而使整个柜都处于良好的接地状态之中。

（6）泄压装置。在断路器手车室、母线室、电缆室设有泄压通道。各泄压盖板的一端用金属螺栓固定，另一端用塑料螺栓固定。当故障时，内部高压气体能容易地将泄压盖板冲开，释放压力。

（7）防凝露措施。为了防止凝露，在断路器室和电缆室分别装设加热器。

1.4.3 高原型箱式固定柜

以 XGN2A-12（Z）IT（G）为例，介绍高原型高压开关柜的特点。该型号设备适用于海拔 4000m 以下地区使用，最低大气压力在海拔为 2000、3000、4000m 时分别为 78、68、60kPa。

主要一次电气元件包括 ZN65A-12G 高原型整体式真空断路器、高原型旋转式隔离开关 GN30-12G 和高原型电流互感器 LZZBJ1-10GYW1，均有优越的绝缘性能和电气性能，其空气间隙和爬电比距都能满足在高海拔特殊环境中运行的要求，能够确保开关柜的耐压水平和环境适应性。相间和相对地空气绝缘距离达到 180mm 以上，柜内采用大爬距的瓷质支持绝缘子或绝缘套管，使开关柜具有较好的绝缘强度和绝缘稳定性。

开关柜结构示意图如图 1-9 所示，其外形尺寸为 1400mm × 1800mm × 2850mm（高 × 宽 × 深）。主开关固定安装在离地面较近的部位，断路器室

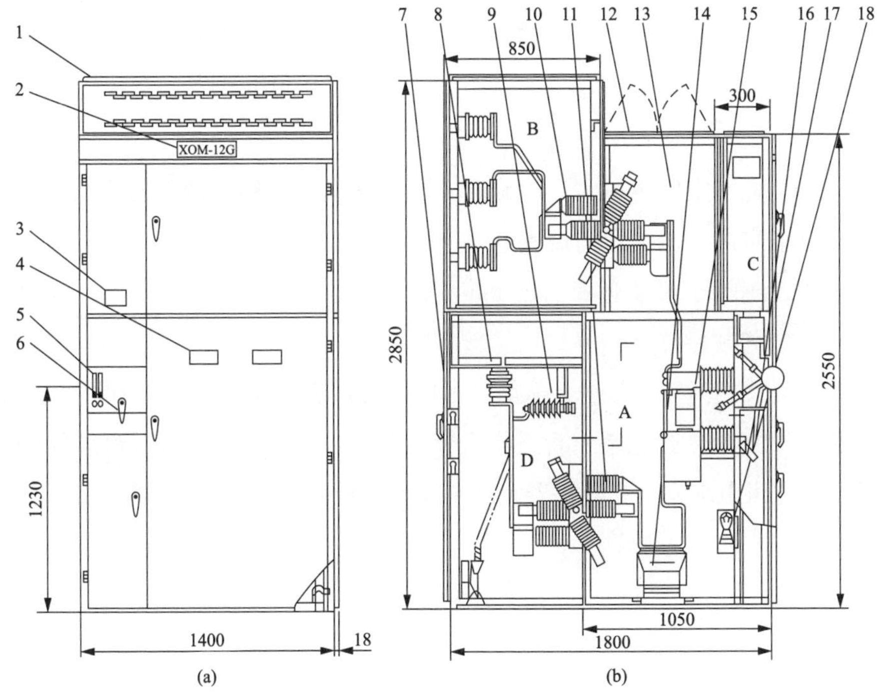

图 1-9　XGN2A-12（Z）开关柜结构示意图

（a）正面结构示意图；（b）侧面结构示意图

A—断路器室；B—母线室；C—继电器仪表室；D—电缆室；

1—母线室前封板；2—标牌；3—高压带电显示装置；4—观察窗；5—操动机构；6—操作手柄；7—程序锁；8—电压抽取装置；9—避雷器；10—上隔离开关；11—下隔离开关；12—压力释放室；13—压力释放通道；14—电流互感器；15—真空断路器；16—机械联锁；17—断路器辅助触点；18—照明灯

高度为1600mm，有比较大的检修空间。采用三工位旋转式隔离开关，兼具接地开关的作用。电缆室与电缆沟之间采用橡胶封套封闭，以防潮湿气体及小动物进入柜内。

开关柜分为断路器室、母线室、电缆室和继电器仪表室4个隔室。

（1）断路器室和电缆室并称为主柜。隔室之间用钢板隔开，隔板的防护等级为IP20。断路器室的顶部设有压力释放通道，柜体和柜门有足够的机械强度，内部故障电弧产生的高压气流向上喷出，不会冲开柜门。断路器室门（即前门）有观察窗，可用于观察断路器隔室内工作情况、断路器分合显示以及弹簧操动机构储能情况。

（2）主母线室空间较大，主母线和旋转式隔离开关侧置于主母线室内。主母线贯穿连接相邻两柜，用装在柜侧壁上的母线套管支撑固定。分支母线直接连接于旋转式隔离开关静刀和主母线之间，不需要其他支撑。对于特殊需要，母线连接螺栓处可用绝缘套及端帽封装，以防止内部故障电弧向邻柜蔓延。

（3）电缆室空间也较大，下旋转式隔离开关接地侧、避雷器等电器元件布置在电缆室内。电缆室内设有电缆连接导体，每相可并接1～3根导体。电缆室内支持绝缘子可设有带电显示装置，电缆通过支架固定。过电压吸收器可装于电缆室内。

该型开关柜为双面维护，从前面可以监视仪表，操作断路器和隔离开关，观察真空断路器分合状态（断路器面板上有分合指示器），开门检修断路器。从后面可进入电缆室。在断路器室和电缆室内装有照明灯。

2 开关柜局部放电检测技术介绍

开关柜作为电力系统中开合、控制与保护的设备，其运行状态直接影响着整个电力系统的稳定。为保证电力系统稳定运行，需要频繁地对开关柜进行巡检。巡检项目包括设备的外观、温度、仪表记录、噪声、放电特征等。可以看出，巡检内容较多，且包含许多需要借助特殊仪器进行检测的项目。当前大部分开关柜室巡检的主要方式是人工巡检，需要进行大量繁琐且重复的工作。设备是否有异响，仪表参数是否有异常，温度过低过高是否会造成设备损坏，这些都需要巡检人员视听嗅等多种感官参与判断，正确性很大程度上取决于巡检人员的经验、职业水平和工作态度。同时，现场各种检测设备和数据采集方式可能不具备统一的标准，造成检测结果的误差，可能造成故障检修的延误。

开关柜运行是否可靠很大程度上取决于其绝缘缺陷的状况，必须要保证开关柜良好的电气性能，但由于制造过程中的一些极小的气隙、碎屑残留，为局部放电电场的形成提供了先天的条件，在高压强磁的环境下，极易发生微弱的局部放电。长期局部放电会对开关柜的绝缘性能造成严重损坏，主要包括如下几个方面：

（1）局部放电会造成带电粒子的交换撞击，使放电部分出现温度升高过热的情况，进而使绝缘子产生碳化。

（2）局部放电时伴随着粒子的交换会产生 O_2 及 N_2 的氧化物（NO、NO_2）等化学活性较强的成分，与空气中的水分子反应产生具有强腐蚀性的硝酸，导致绝缘部分被腐蚀损坏。

（3）局部放电产生的部分射线可破坏绝缘体分子结构，造成纤维破裂，由于局部放电的持续存在，纤维破裂会一直延伸，最终导致绝缘击穿。

因此需要多手段，多措施来检测开关柜运行时发生的局部放电现象，达到早发现，早治理的效果。

2.1 超声波局部放电检测技术及其应用

超声波测量局部放电已经有了20多年的应用历史，国外发明了超声技术以来，超声波检测被广泛应用于各种电力设备及设备绝缘状态监测领域。在地理信息系统中对局部放电的测量已经被证实是可行的，尤其是对由移动金属颗粒所产生的局部放电的测量。目前，超声局部放电测试范畴主要涉及变压器、组合电器、开关柜、电缆终端、架空输电线路等不同电压级别的各种一次设备。其中，变压器和开关柜的超声局部放电测试一般采取接触式测试，在测试时将超声波传感器（一般为压电陶瓷材质）直接放置于电气设备机壳上，以收集内在产生局部放电时形成的特殊信息。开关柜的超声波测试则既可通过非接触式感应器在柜体内部结构各接缝处完成测试，也可通过接触式传感器测试由内部结构传递至柜体表面的超声信息；使用无损信号传导杆，可将超声波传感器的局部释能测试技术运用于检查线缆或终端工艺不良等绝缘问题上，该方法现已达到了一定的使用效益。在对配电网架空式输电线路巡线时，也可使用同一个超声波传感器接收因线路上的绝缘问题而形成的放电讯号，对线路的运营情况提供了数据分析。其中有学者深入研究了开关柜局部电池放电的超声测量技术信号特征特性和相互影响，解析了开关柜中悬浊液流量与尖端放电的幅相分布，并解析了热力学振动讯号与局部放电讯号之间的频域差别。在实际运用中，由于超声波传感器的技术已经具备了良好的定位功能，其在变压器和开关柜等设备巡检流程中，对内部缺陷处的确认与定位也获得了更加普遍的运用。

2.1.1 超声波局部放电检测技术的原理

局部放电产生的能量会以多种形式散发出去，其中之一就是超声波。超声波是频率高于人耳可听范围的声波，通常定义为频率高于20kHz的声波。局部放电产生的超声波信号具有频率高、传播速度快、定位准确等特点。

当局部放电发生时，会在放电点周围产生高压脉冲，使周围介质产生瞬间压力变化，进而产生超声波。通过检测设备捕获这些超声波信号，经过滤波、放大、解调等处理，可以得到局部放电的相关信息。超声波局部放电检测原理如图 2-1 所示。

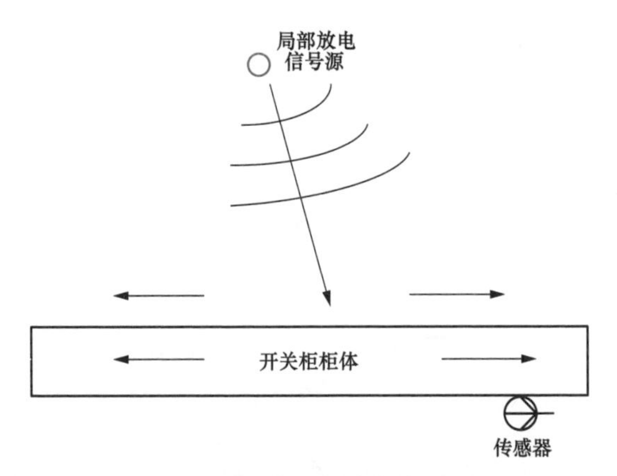

图 2-1　超声波局部放电检测原理

2.1.2　超声波局部放电检测设备

超声波局部放电检测设备主要由超声波传感器、信号处理装置和显示装置组成。超声波传感器用于捕获局部放电产生的超声波信号，信号处理装置对捕获的信号进行滤波、放大、解调等处理，显示装置则将处理后的信号以直观的形式展示出来，供检测人员分析和判断。

2.1.3　超声波局部放电检测技术的优势

本书中对各种检测开关柜局部放电检测进行了研究，列出几种检测局部放电故障方法并进行对比。脉冲电流法的使用范围很广，在检测中比较常用，但是抗干扰能力太弱。特高频法抗干扰强，但设备过于复杂，且不能量化数据。暂态地电压法灵敏度很高，但是对于部分电子元件局部放电信号不易捕捉。基于超声波技术检测局部放电具有多种优势。

（1）抗电磁干扰能力强。该优势体现在由于超声内部放电检测法是指通过超声波传感器对电力设备壳体部分进行测量的一项测试手段，电气设备自身就存在着特定的电磁屏蔽功能，可以使外部电磁波对电气设备形成干扰危害；此外，电力设备工作环境比较恶劣，也会造成干扰信号增大，因此需要将抗干扰技术应用到超声波检测中。电力设备在运动过程中产生了很强的电磁辐射，因此超声检查也是一个非电性的非电测量方式，在测定频率后能够更有效地防止设备操作的产生，从而达到了较好的监测效果。

（2）便于实现放电定位。超声波检测可以确定设定局部放电区域，不但能够为设备的缺陷提供合理的数值参照，同时能够缩短检测时间。超声波信号在传播过程中产生了很大的方向性和能量集中性，以便于在测量过程中同时得到定向波束和集中束，且易于定位。但是由于其传播距离有限，且存在一定的衰减系数，导致超声测距精度不高。为了提高测量准确性，需要对声波进行合理地处理以获取准确结果。在日常的工作使用中，采用超声信号衰减的小振幅幅值定位法是开关柜装置中常用的检测方法。电缆线路多使用时差定位法，该方法不依赖于被测对象的具体形状和介质性质，因而能够准确地判断出故障点。对不同类型的电气设备可选择相应的超声定位方法。变压器使用的是空间定向法，目前市场上也有相对完善的定位系统。

（3）适应范围广泛。超声波局部放电检测技术可以应用在各种一次设备上。超声波局部放电测量，按照超声波信息传输方式的不同可以分成接触式检测和非接触式检测两类。其中，非接触式超声波测试技术是当前最先进的一种无损探伤方法。目前国内已经研制出了许多应用在本领域内的非接触式超声波测量仪表，并在工程实践中有所运用。接触式超声波测量主要用于开关柜、电力变压器等设备表面的超声信息，也可用于供电线路、电缆等设备的测量。但由于电子计算机科学技术、现代微电子科学技术、数码信号处理科学技术等有关领域的进一步发展，超声局部放电技术得到了广泛的重视，并取得了一系列成果。然而，由于超声局部放电测量技术对装置内部结构问题较不灵敏，机械振动影响覆盖范围大，放电类型模式辨识较难，因此测量范围小。因此，在实际使用中，开关柜、电力变压器等电气设备的超声局部放电测量，不但能够进行一般全站普测的测量外，还应和超高频、高频等其他的测量方式与方法相结合，以确定疑似缺陷。

与传统的检测方法相比，超声波局部放电检测技术还具有高灵敏度、高分辨率、无损检测等优势。其中，高灵敏度使得超声波局部放电检测技术能够在不停运设备的情况下实现在线监测，对局部放电的监测灵敏度高，能够更准确地检测到设备中的局部放电现象。高分辨率的特点能够实现对局部放电信号的准确定位和识别。无损检测是一种非侵入式的检测方法，不会对设备产生影响，适用于各种设备类型。并且利用超声波信号的传播特性，可以准确地定位局部放电的位置。还有一个特点就是不受电场干扰，超声波局部放电检测技术主要依赖声波的传播，因此不受电场、磁场等干扰，适用于高电压、强磁场等环境。因此，超声波局部放电检测技术在电力系统中的应用越来越广泛，成为电力设备状态监测和预防维修的重要手段之一。

2.1.4 超声波局部放电检测技术的适用场景

超声波局部放电检测技术具有广泛的适用场景，以下列出了几个主要的应用场景。

（1）开关设备。开关设备是电力系统中重要的设备类别，其对电网的安全运行起到了至关重要的作用，其内部的局部放电可能会导致设备故障，甚至引发系统崩溃。超声波局部放电检测技术可以对开关设备内部的局部放电进行实时监测和识别，及时发现并处理局部放电问题，从而提高了开关设备的可靠性和安全性。

（2）变压器。变压器是电力系统中的重要设备之一，其运行稳定性和可靠性直接影响电网的安全运行。局部放电是变压器老化的主要原因之一，因此进行定期的局部放电检测是非常必要的。超声波局部放电检测技术可以对变压器内部的局部放电进行实时监测和识别，通过超声波局部放电检测技术，可以在早期发现问题，及时进行维修和更换。

（3）电缆和接头。电缆和接头的局部放电可能会导致电缆烧损，影响电力系统的稳定运行。超声波局部放电检测技术可以帮助运维人员准确地定位电缆问题点，有助于进行精准维修。

2.1.5 超声波局部放电检测技术的挑战及应对措施

虽然超声波局部放电检测技术具有众多优势，但在实际应用中也面临一些挑战，如超声波信号衰减问题、环境噪声干扰问题、数据分析问题、设备复杂性问题等。

（1）超声波信号衰减问题。超声波在传播过程中会受到介质的吸收和散射，导致信号衰减。这就需要使用高灵敏度的超声波传感器，并进行合理的放大和滤波处理，以保证检测结果的准确性。

（2）环境噪声干扰问题。在嘈杂的环境中，背景噪声可能会干扰超声波信号的检测。因此需要采用降噪技术，如使用有向性超声波传感器或进行频谱分析等。

（3）数据分析问题。超声波局部放电检测技术所获取的数据量非常庞大，数据的分析和处理也变得十分复杂。在数据分析的过程中，需要对信号进行过滤、增强、分析、识别等一系列处理，而这些处理的结果也很容易受到人为因素的影响，因此数据分析的可靠性和准确性是一个值得关注的问题。

（4）设备复杂性问题。电力系统中设备的种类繁多，不同的设备具有不同的结构和工作特点。尤其高压电气设备通常结构复杂，这可能会影响超声波的传播，从而影响局部放电的检测。对于不同的设备，需要设计出不同的检测方案，才能有效地检测到局部放电问题。为解决这个问题，需要熟悉设备结构，合理布置超声波传感器，或采用多角度、多点检测策略，同时超声波局部放电检测技术的设计和应用也需要考虑设备的多样性，以确保其在各种设备上的适用性和准确性。

为了解决超声波局部放电检测技术所面临的挑战，科研人员采取了一系列的应对措施，主要包括信号处理技术的优化、智能化算法的应用、多模式检测方法的应用、传感器技术的发展、标准化和规范化等。

（1）信号处理技术的优化。针对检测信号受干扰和分析困难的问题，科研人员采用了一系列信号处理技术，如滤波、降噪、增强等方法，以提高检测信号的稳定性和可靠性，同时简化数据分析的过程。

（2）智能化算法的应用。利用人工智能、机器学习等智能化算法，可以对超声波局部放电检测技术所获取的大量数据进行自动化处理和分析，提高数据的可靠性和准确性。

（3）多模式检测方法的应用。针对电力系统中设备的多样性，科研人员采用了多模式检测方法，即将超声波检测技术与其他检测技术相结合，以满足不同设备类型的检测需求，提高检测准确性和可靠性。

（4）传感器技术的发展。随着传感器技术的不断发展，新型的传感器设计和材料的应用，使得超声波局部放电检测技术在灵敏度和分辨率方面得到了进一步提高，同时也解决了传统传感器不能满足特定应用需求的问题。

（5）标准化和规范化。为了保障超声波局部放电检测技术的可靠性和准确性，在设计和应用过程中需要遵循相应的标准和规范，如国际电工委员会

（IEC）颁布的 IEC 60270 标准，以确保超声波局部放电检测技术的应用效果和安全性。

2.1.6 超声波局部放电检测技术的未来发展趋势

随着科技的进步，超声波局部放电检测技术也在不断发展和完善，未来，超声波局部放电检测技术将朝着智能化、网络化和集成化的方向发展。

（1）智能化和自动化。随着人工智能和机器学习等技术的发展，超声波局部放电检测技术将更加智能化和自动化。更加智能的超声波局部放电检测系统将利用深度学习和其他人工智能技术，实现检测数据的自动处理、分析和识别，大大提高检测效率和准确性。

（2）多模式联合检测。多模式联合检测是未来超声波局部放电检测技术发展的另一个方向。传统的超声波局部放电检测技术只能对局部放电进行检测，而多模式联合检测将超声波局部放电检测技术与其他检测技术相结合，比如红外成像、紫外成像、声学成像等技术，以提高检测准确性和可靠性。

（3）更高的分辨率和灵敏度。随着传感器技术的不断发展和创新，新型传感器的设计和应用将会使超声波局部放电检测技术的分辨率和灵敏度得到进一步提高，从而提高检测效果和可靠性。

2.2 暂态地电压检测技术及其应用

暂态地电压是指电力系统中出现的电压瞬变，例如雷电击中输电线路、开关设备操作等都可能会导致暂态地电压的出现。暂态地电压会对电力设备造成损害，甚至导致电力系统的故障和事故，因此对暂态地电压的检测和分析非常重要。

2.2.1 暂态地电压检测技术的原理

当开关柜发生局部放电现象，因其受电磁波作用的影响，在开关柜的表面会产生微弱的瞬时脉冲电流，这种脉冲电流的大小会随着电磁波的强弱而变化。瞬态对地电压检测技术（transient earth voltage，TEV）最早由英国的约翰·里弗斯博士（Dr John Reeves）在 1974 年提出并命名。而后大量实验表明，TEV 信号的频率范围基本固定在 3～100MHz 之间并且在 3～30MHz 信号相对较强。应用 TEV 法进行检测首先要在机柜外表面安装 TEV 传感器，接下来会采集 TEV 信号并对其进行放大处理，然后对采集到的信号进行降噪处理，最后对降噪后的信号进行分析，判断是否存在异常放电现象。在这个过程中，放电通常是间歇性的，对地电流也会不断改变。当现实状态下对开关柜进行 TEV 信号的检测时，因为电磁干扰的存在，使得 TEV 检测法不能作为定量测量的方法，而是通过获取 TEV 信号的幅值来确定开关柜内所发生局部放电的强度。因此暂态对地电压检测法一般都是作为辅助方式配合其他的测量方式使用。其检测原理如图 2-2 所示。

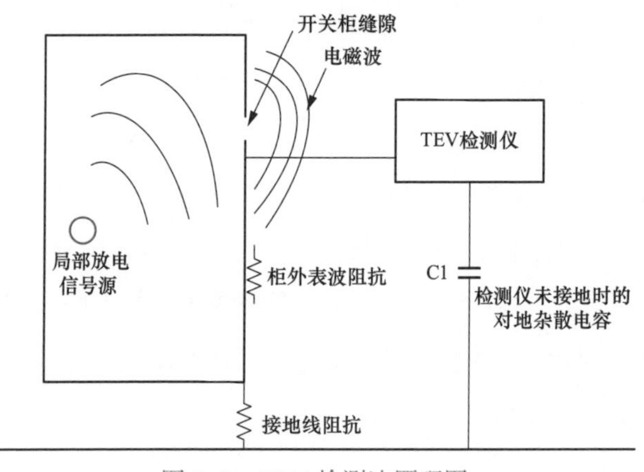

图 2-2　TEV 检测法原理图

从图中可以看出 TEV 检测仪要贴在开关柜的缝隙附近以便更好地检测局部放电信号，从局部放电源处所产生的电磁波呈环状向开关柜的四周进行扩散，为了保证检测过程中的安全性，在开关柜与地面接入一个接地线阻抗同时 TEV 检测仪未接入时，也要外接一个对地保护电容。

具体来说，暂态地电压检测技术一般包括传感器、信号处理和分析系统三个部分。

（1）传感器。传感器是暂态地电压检测技术中的核心部分，主要用于将电流信号转换为电压信号。传感器的种类有很多，包括电阻式传感器、电感式传感器、磁环传感器等。其中，电阻式传感器可以直接测量暂态地电压产生的电流，而电感式传感器则是通过电磁感应原理将电流信号转换为电压信号，磁环传感器则是通过变压器原理将电流信号转换为电压信号。

（2）信号处理。信号处理部分主要对传感器采集到的信号进行放大、滤波、采样等处理，以提高信号的质量和稳定性。处理后的信号将被送往分析模块进行分析和处理。其中信号放大器是将传感器采集到的微弱信号放大到可以被测量设备识别的强度的装置。信号放大器一般采用集成放大器或运算放大器等电路，其设计应考虑到信号的放大系数、带宽、噪声等因素。滤波器用于去除信号中的杂波和噪声，保留有用的信号。根据滤波器类型的不同，可以将信号分成不同的频段，例如低通滤波器可用于去除高频噪声，高通滤波器可用于去除低频噪声等。常用的滤波器类型有 RC 滤波器、LC 滤波器、数字滤波器等。

（3）分析模块。分析模块是暂态地电压检测技术的核心，分为采样系统和处理系统，其作用是对信号进行分析和处理，以获取暂态地电压的相关信息。数字采样系统是将模拟信号转换为数字信号的设备，可以对信号进行采样、处理和存储等操作。数字采样系统一般由采样器、ADC 转换器、时钟发生器等组成，其采样精度、采样率等参数都对系统的性能和精度有重要影响。数据处理系统是将采集到的信号进行分析和处理的设备，一般采用计算机或嵌入式处理器等设备进行数据处理和分析。数据处理系统需要考虑信号处理算法、数据存储和显示等问题，同时还需要设计合理的人机界面，方便用户进行操作和管理。

2.2.2 暂态地电压检测技术的优势

相较于传统的局部放电检测技术和在线监测技术，暂态地电压技术具有以下优势。

（1）非接触式检测。传统的局部放电检测技术和在线监测技术需要将传感器直接接触电力设备，存在着安全风险和检测误差等问题。而暂态地电压技术是一种非接触式检测技术，只需要将传感器放置在合适的位置即可，避免了安全风险和检测误差等问题。

（2）高精度检测。暂态地电压技术采用高精度的数字采样系统和数据处理算法，可以对电力系统中的暂态电压进行高精度检测和分析，具有更高的检测精度和准确性。

（3）宽频带检测。暂态地电压技术采用宽带传感器和滤波器等设备，可以检测多种频率范围内的电压信号，具有更宽的频带和更广的应用范围。

（4）多信号源检测。暂态地电压技术可以同时检测多个信号源，对于电力系统中的多信号源干扰和杂波问题具有更好的解决能力，提高了系统的可靠性和稳定性。

（5）可实时监测。暂态地电压技术采用实时采样和处理技术，可以实现对电力系统中的暂态电压进行实时监测和分析，可以在不干扰电力系统正常运行的情况下，实时监测和分析电力系统中的暂态电压信号，提高了系统的可靠性和安全性。

2.2.3 暂态地电压检测技术的应用场景

暂态地电压检测技术广泛应用于各种需要监测和保护电力系统稳定运行的场景。以下是几个主要的应用场景。

（1）检测局部放电。暂态地电压检测技术可以检测电力设备中的局部放电现象，通过对电力设备中暂态电压信号的检测和分析，可以确定设备的健康状态和存在的缺陷。特别是对于高压电缆、开关柜和变压器等重要设备，局部放电的检测和监测非常重要，可以提高设备的可靠性和延长设备的使用寿命。

（2）检测传输线路的过电压。暂态地电压检测技术可以检测电力系统中传输线路的过电压现象，及时发现线路中存在的故障点，可以有效避免过电压对电力设备造成的损害和影响，提高电力系统的可靠性和安全性。

（3）检测雷电等自然灾害。暂态地电压检测技术可以检测雷电等自然灾害对电力系统的影响，对电力设备中可能出现的潜在危险进行预警，提高电力系统的抗灾能力和安全性。

（4）检测电力系统的其他异常现象。暂态地电压检测技术还可以检测电力系统中的其他异常现象，例如电力设备的绝缘破损、电力系统的电磁干扰等。通过对这些异常现象的检测和分析，可以及时发现潜在的故障点和缺陷，提高电力系统的可靠性和安全性。

2.2.4 暂态地电压检测技术的挑战及解决方案

尽管暂态地电压检测技术在理论和实践中都取得了显著的成果，但在实际应用中，仍然面临一些挑战，主要是数据处理难度大、传感器性能有限、设备普及率不高。

（1）数据处理难度大。暂态地电压检测技术需要对大量数据进行采集和处理，包括对传感器信号的采集和对数据的分析、处理。这对数据处理能力提出了高要求，需要开发出高效的数据处理算法和处理平台，以满足数据的快速处理和分析需求。

（2）传感器性能有限。暂态地电压检测技术的传感器需要在极短时间内对电磁信号进行精确的检测和采集，对传感器的性能提出了极高的要求。目前市场上的传感器大多数性能有限，需要进一步优化和改进，提高传感器的可靠性和精度。

（3）设备普及率不高。暂态地电压检测技术需要大量的专业设备和技术支持，且设备成本较高，使得其普及率不高。因此，需要研发出更加便携、易于操作的设备和技术，提高技术的普及率和应用范围。

针对这些挑战，可以采取以下解决方案：

（1）研发高效的数据处理算法和处理平台。针对数据处理难度大的问题，可以开发出高效的数据处理算法和处理平台，实现数据的快速处理和分析，提高数据的质量和精度。

（2）改进传感器性能。针对传感器性能有限的问题，可以研发出更加灵敏、更高精度的传感器，提高传感器的可靠性和精度，满足暂态地电压检测技术的应用需求。

（3）发展便携、易于操作的设备和技术。针对设备普及率不高的问题，可以研发出更加便携、易于操作的设备和技术，减少设备成本和使用难度，提高技术的普及率和应用范围。

总的来说，暂态地电压检测技术面临的挑战和解决方案是相互关联的，只有通过不断的技术创新和研发，才能使暂态地电压检测技术更加可靠、高效、便携，为电力系统的运行和维护提供更好的支持。

2.2.5 暂态地电压检测技术的未来发展趋势

随着科技的进步，暂态地电压检测技术也在不断发展和完善。未来暂态地电压检测技术的发展趋势将会趋向智能化、自动化、在线化、多方位化和多技术集成化，这将会为电力系统的运行和维护提供更加可靠和高效的技术支持。

（1）发展智能化的检测设备。随着人工智能、物联网等新技术的发展，未来暂态地电压检测技术将会趋向智能化、自动化。可以通过引入机器学习、深度学习等技术，实现对电力系统中暂态电压信号的自动检测和分析，大大提高检测的效率和准确度。

（2）推广在线监测技术。目前，暂态地电压检测技术主要是通过离线检测的方式进行，需要在设备停机时进行检测。未来，随着在线监测技术的发展，可以实现对设备的实时监测和预警，提高电力系统的安全性和稳定性。

（3）应用范围将会更加广泛。暂态地电压检测技术目前主要应用于高压电力设备的检测和维护。未来，随着技术的不断发展，其应用范围将会更加广泛，包括低压设备、中压设备等，同时可以扩展到其他领域，如铁路、航空、汽车等。

（4）发展多种技术的集成应用。未来暂态地电压检测技术将会与其他技术进行集成应用，如声学成像技术、红外成像技术等，以提高检测的准确度和效率，同时也可以实现对电力设备的多方位检测和分析。

2.3 特高频局部放电检测技术及其应用

特高频法因其特有的优势越来越多地被运用到开关柜局部放电故障检测中，拥有良好性能的天线有利于提高检测系统的灵敏度与准确度。近几年，对于特高频检测技术的研究越来越多。

2.3.1 特高频局部放电检测技术的原理

由于制造工艺的原因，开关柜内部难免会留下一些金属尖刺、金属颗粒或者气泡等绝缘问题，这些绝缘缺陷在开关柜复杂的电气情况下，极易发生小范围的局部放电，最终导致设备故障时有发生。特高频局部放电技术（ultra high frequency partial discharge，UHF PD）是基于局部放电现象会产生特高频电磁波的原理。开关柜内部局部放电信号产生的电流脉冲可达纳秒级，同时会发出频带较宽的电磁波，最高可达 3GHz。由于开关柜内部器件众多、布局紧密、空间狭小，特高频电磁波在柜体中传播会产生反射和折射，遇到金属障碍还会发生绕射现象，导致电磁波能量衰减，影响特高频信号的检测。当电力设备内部绝缘缺陷发生放电时，激发出的电磁波会透过环氧树脂等非金属部件传播出来，便可通过外置式特高频传感器进行检测。同理，若采用内置式特高频传感器，则可直接从设备内部来检测局部放电激发出的电磁波信号。在此技术中，一般使用特高频传感器将电磁波转换为电信号，然后通过数据采集和处理系统对这些信号进行分析，从而判断设备是否存在局部放电现象。图 2-3 为局部放电特高频检测原理图。

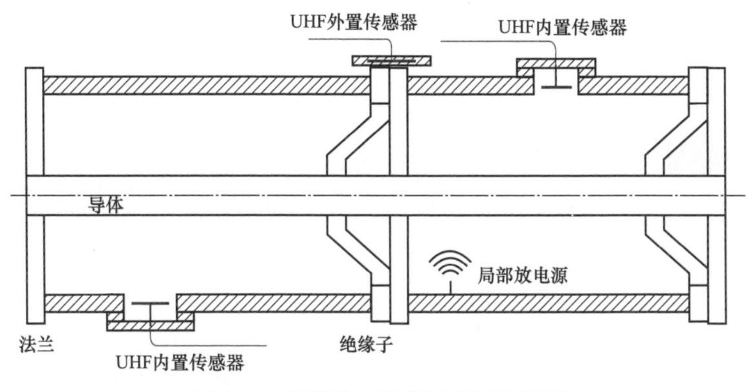

图 2-3　局部放电特高频检测原理图

2.3.2　特高频局部放电检测设备

特高频局部放电检测设备主要由特高频传感器、信号调理单元（可选）、检测仪器主机以及显示和报警系统组成。

（1）特高频传感器。特高频传感器用于耦合 300～3000MHz 的特高频电磁波信号，主要由天线、高通滤波器、放大器、耦合器和屏蔽外壳组成，天线所在面为环氧树脂用于接收放电信号，其他部分采用金属材料屏蔽，以防止外部信号干扰。按其安装位置可分为内置传感器和外置传感器。特高频传感器的检测灵敏度常用等效高度 H 来表征，计算式为

$$H=U/E$$

式中：U 为传感器输出电压，V；E 为被测电场强度，V/mm；H 为等效高度，mm。

（2）信号调理单元（可选）。信号调理单元一般由信号滤波器、放大器和检波器组成。信号滤波器用于滤除外部干扰信号，如手机信号；放大器一般

为宽带带通放大器，用于传感器输出电压信号的放大；检波器用于降低特高频信号频率，保留信号的峰值和相位。

（3）检测仪器主机。检测仪器主机接收、处理传感器采集的特高频局部放电信号；对于电压同步信号的获取方式，通常采用主机电源同步、外电源同步以及仪器内部自同步三种方式，获得与检测设备所施电压同步的正弦电压信号，用于分析主机特征图谱的显示与诊断使用。特高频传感器接收的放电信号经过放大、滤波处理后也可直接接入高速示波器，可对特高频原始信号进行观察，并利用各个通道采集信号的时间差来进行定位。

（4）显示和报警系统。显示和报警系统主要负责将处理后的结果以直观的形式展示出来，并在检测到局部放电时发出报警。这通常包括显示屏、声光报警器、通信设备等。

2.3.3 特高频局部放电检测技术的优势

特高频局部放电检测技术的优势体现在高灵敏度、抗干扰能力强、实时在线监测、宽带特性、无损检测等。

（1）高灵敏度。由于特高频范围的电磁波具有较强的穿透能力，UHF PD 技术可以有效地检测出在复杂的高压设备结构中发生的微弱局部放电信号。这种高灵敏度使得 UHF PD 技术能够在早期阶段就发现绝缘老化和损坏的迹象，从而有助于预防高压电气设备的故障和事故。

（2）抗干扰能力强。在电力系统中，常常存在大量的低频干扰信号，这些干扰信号会对局部放电检测造成干扰。而 UHF PD 技术在特高频范围内检测局部放电信号，能够有效地抑制这些低频干扰，从而提高了局部放电检测的准确性。

（3）实时在线监测。UHF PD 技术可以实现对高压电气设备的实时在线监测，无需停机检测，这大大提高了设备的运行效率和设备管理的灵活性。通过实时监测，可以及时发现并处理设备的局部放电问题，防止问题进一步恶化。

（4）宽带特性。由于 UHF PD 技术采用的是特高频范围的电磁波，因此具有较宽的带宽，可以检测出多种类型的局部放电信号。这种宽带特性使得 UHF PD 技术能够更全面地评估高压电气设备的绝缘状态。

（5）无损检测。UHF PD 技术是一种无损检测技术，可以在不影响设备正常运行的情况下，检测设备的局部放电情况。这种无损检测方式对于保护设备的完整性和延长设备的使用寿命具有重要意义。

2.3.4 特高频局部放电检测技术的应用场景

特高频局部放电检测技术适用于多种高压电力设备的绝缘状态评估，以下是几个主要的应用场景。

（1）开关柜。开关柜中的断路器、隔离开关等关键元件可能因为局部放电导致绝缘老化和故障。通过特高频局部放电检测技术，可以及时发现并处理这些问题，保证开关柜的稳定运行。

（2）变压器。变压器的绝缘结构对局部放电非常敏感，局部放电可能会引发绝缘击穿，导致变压器的损坏和故障。特高频局部放电检测技术可以有效地检测变压器内部的局部放电现象，有助于提前预防和处理潜在的故障。

（3）电缆终端。电缆终端是电缆线路的重要组成部分，局部放电可能会导致终端绝缘的损坏和电缆故障。特高频局部放电检测技术可以实现对电缆终端的在线监测，及时发现并处理局部放电问题。

（4）高压电机。高压电机中的绕组、轴承等关键部件可能会因为局部放电导致绝缘老化和故障。特高频局部放电检测技术可以帮助及时发现和处理这些问题，保证高压电机的稳定运行。

2.3.5 特高频局部放电检测技术的挑战和解决方案

特高频局部放电检测技术在实际应用中也面临一些挑战，如信号识别、定位精度、设备成本和复杂性。

（1）信号识别。特高频局部放电信号的识别是一大挑战。由于局部放电信号往往淹没在各种干扰信号中，所以需要通过先进的信号处理技术，如滤波、噪声抑制、特征提取等，来提高信号的识别准确性。

（2）定位精度。在大型高压设备中，精确定位局部放电的位置是一项具有挑战性的任务。目前已经有基于时间差定位、相位定位等技术的局部放电定位方法，这些方法可以提高特高频局部放电检测技术的定位精度。

（3）设备成本和复杂性。特高频局部放电检测设备可能涉及较高的成本和复杂性。为了降低成本，可以通过优化设备设计、降低制造成本、提高生产效率等方法。同时，通过简化操作界面、提高自动化水平，可以降低设备的使用复杂性，使得更多的用户能够方便地使用这些设备。

2.3.6 特高频局部放电检测技术的未来发展趋势

随着科技的进步，特高频局部放电检测技术也在不断发展和完善。未来，特高频局部放电检测技术将朝着智能化、网络化和集成化的方向发展，为电力系统的安全稳定运行做出更大的贡献。

（1）智能化。借助人工智能技术，如机器学习和深度学习，可以实现对特高频局部放电信号的智能识别和分析，提高检测的准确性和效率。

（2）网络化。通过物联网技术，可以实现特高频局部放电检测设备的远程控制和监测，实现设备状态的实时监测和预警。

（3）集成化。将特高频局部放电检测技术与其他检测技术（如电流、温度等）集成，可以提供更全面、更精确的检测结果。

2.4 紫外成像检测技术及其应用

运行中的输变电设备因持续、长期运行在高电压和较恶劣的环境中，达到一定的设备使用寿命后就可能出现绝缘等方面的问题，包括劣化、老化和损坏等现象，最明显的表征就是设备表面出现局部放电现象。而这种情况下如果没能够及时发现和处理，局部放电将可能不断地恶化，不断地破坏设备的绝缘，降低其使用寿命，甚至严重影响设备和电网的安全运行。但这种放电一般只会辐射出紫外波，属于一种弱放电现象，如果没有借助仪器，人眼是很难直接观察到的。这些仪器的原理，主要有声波检测法、超高频法、红外成像检测法、紫外成像检测法等四种。前两者虽然能检测到放电，但因为现场环境复杂、干扰众多，所以很难直观地、精确地定位较远距离的放电点，并做出定量分析。红外热成像则是一种间接检测放电的方法，虽然可以检测放电积累或漏电流引起的温升，但同样受外部环境的影响较大。而紫外成像法则能够借助仪器探测、接收这些由于局部放电时而产生的紫外光信号，实现电力设备带电检测与故障诊断，这无疑是一种新兴的带电检测技术。

目前国外已有多家电力公司将紫外成像技术应用于电力系统中，包括美国、南非、以色列、日本等国家，应用范围包括各电压等级的高压输电线路、变电设备和放电设备的检测，并取得了良好的效果。

2.4.1 紫外成像的原理

紫外成像技术应用在电力系统中，其最终目的是确定输变电设备电晕的位置和强度，它主要是先利用仪器接收设备电晕放电产生的紫外线信号，然后经影像处理器处理后与可见光图像互相叠加以达到目的。紫外线的波长范围是0.04～0.40μm，经过大气层中臭氧层的吸收，辐射到地球表面的太阳光紫外线的波长大都在0.30μm以上。而电气设备在局部放电过程中会导致空气中的氮气电离，该过程中产生紫外线的光谱大部分波长在0.24～0.28μm的区域内，所以如果能够利用仪器对其进行检测，即可判断出光谱的性质。

紫外成像技术基于这个原理，使用紫外相机检测电力设备中的局部放电。这些相机具有特殊的传感器，可以探测到紫外光，并将其转换为可以看到的图像。这些图像有助于确定局部放电的位置和强度，从而评估设备的绝缘状况，预防和解决潜在的故障。

紫外成像检测技术在电力系统中的应用范围和领域正逐步扩大，目前主要应用在导线外伤探测、高压设备污染检查、绝缘子放电检测、绝缘缺陷检测、高压变电站及线路的整体维护以及寻找无线电干扰源等。

但是在实际应用过程中，也发现紫外成像检测技术存在一些问题，比如检测结果的准确度受环境条件（如温、湿度，风等）的影响较大，其结果是检测人员无法根据电晕放电量直接确定被检测设备是否存在隐患以及隐患的发展趋势；另外，目前“日盲型”紫外成像仪对放电量的量化方法，是利用仪器所检测到的单位时间内紫外光子数来量化，这种方法目前还没有客观比较的依据，不能有效判断电晕放电的危险程度。

下面简单介绍基于双光谱成像原理的“日盲型”紫外成像仪的工作原理：仪器利用紫外线半分器将输入的影像分离成两部分，用太阳盲区滤片以及紫外控制器把太阳光过滤掉，并将过滤形成的影像传送到影像放大器，影像放大器将此信号放大转化为清晰可视的影像，再将影像发送到图像传感器中，而同时被探测目标的可见光影像也被发送视频照相机内，仪器最后采用特殊的工艺将得到的两个影像叠加起来，生成仪器屏幕上的双光谱图像。双光谱成像原理图如图 2-4 所示。

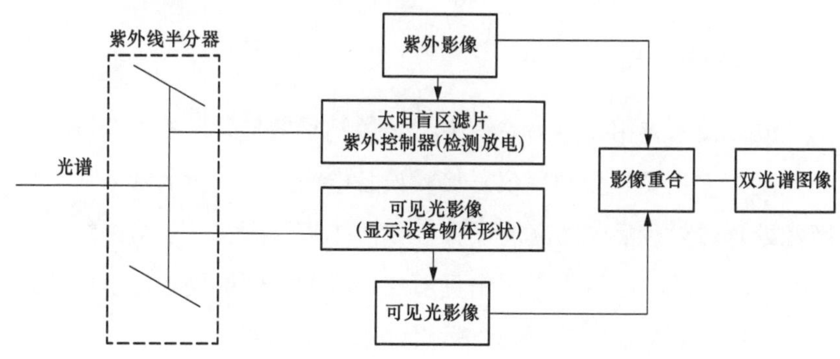

图 2-4 “日盲型”紫外成像设备工作原理

2.4.2 紫外成像技术的优点

紫外成像技术主要有直观、实时、无损等优点。

（1）直观。紫外成像技术提供了直观的图像，使得用户可以直接“看到”局部放电，而不需要复杂的数据解析。

（2）实时。紫外成像设备可以实时监测设备的状况，提供即时的反馈。

（3）无损。紫外成像是一种无需接触设备，不会对设备造成任何损害的检测方法。

2.4.3 紫外成像技术的应用场景

紫外成像技术在电力系统中有广泛的应用，主要应用在电力变压器、高压开关设备、电力线路、发电厂。

（1）电力变压器。在电力变压器中，局部放电可能会导致绝缘老化，进而引发更严重的故障。通过紫外成像技术，可以及时发现和处理这种问题。

（2）高压开关设备。高压开关设备中的开关、接触器和断路器都可能发生局部放电。紫外成像技术可以帮助检测这些元件的状态，防止设备故障。

（3）电力线路。电力线路中的绝缘子、连接器和接头都可能产生局部放电。通过紫外成像技术，可以实现对电力线路的实时监测，及时发现并处理问题。

（4）发电厂。在发电厂中，紫外成像技术可以用于检测发电机、变压器和开关设备的状态，保证电厂的正常运行。

2.4.4 紫外成像技术的挑战及发展趋势

紫外成像技术虽然具有许多优点，但也面临一些挑战。首先，紫外成像设备的成本相对较高，这可能会限制其在一些场合的应用。其次，虽然紫外成像技术提供了直观的图像，但如何从这些图像中提取有用的信息，如局部放电的位置和强度，仍然是一项具有挑战性的任务。此外，紫外成像技术可能受到环境因素的影响，如日光、温度和湿度等，这可能会影响其检测结果的准确性。

针对这些挑战，研究人员正在不断地探索新的解决方案。例如，他们正在研究新的传感器和算法，以提高紫外成像技术的检测精度和效率。他们也在寻找新的方式来降低紫外成像设备的成本，使其能够在更多的场合得到应用。

此外，随着科技的发展，紫外成像技术也有可能实现新的应用。例如，通过结合人工智能和大数据技术，可以实现对紫外图像的自动分析和解析，从而提供更准确、更实时的设备状态评估。通过结合物联网技术，我们可以实现对电力设备的远程监控，使设备管理更加方便高效。

综上所述，紫外成像技术是一种强大的电力设备检测工具。通过将这种技术与其他先进的技术相结合，我们有可能实现对电力设备的更好管理，从而提高电力系统的安全性和稳定性。

2.5 声学成像技术及其应用

声学成像技术是一种利用声波进行探测和成像的技术。在电力系统中，声学成像技术被广泛用于检测和诊断设备的各种问题，尤其是局部放电和机械故障。

2.5.1 声学成像原理

声学成像技术是一种利用声波进行探测和成像的技术。这种技术的原理基于声波在物体中的传播特性。当声波遇到不同的物体或物质时，它们的传播速度和方向都会发生变化。这些变化可以被声波传感器捕捉到，并转化为电信号。然后，这些电信号被送入数据处理系统进行处理。

数据处理系统会利用各种算法，如傅立叶变换和逆傅立叶变换，将电信号转化为声波的频率、强度和相位等信息。这些信息不仅可以用来识别声源的性质，还可以用来确定声源的位置。最后，这些信息被转化为图像，并通过显示系统展示给用户。因此，声学成像技术提供了一种直观、实时的检测手段。

2.5.2 声学成像设备的构成

声学成像设备由声波传感器、信号放大和调节模块、数据处理系统、显示系统及辅助、电源、通信和数据存储等模块部分组成。这些部分需要协同工作，以提供高性能、高可靠性的声学成像服务。

（1）声波传感器。声波传感器负责捕捉设备产生的声波，并将这些声波转换为电信号。在电力系统中，常见的声波传感器有压电式传感器、光纤传感器和电容式传感器等。这些传感器根据声波与物质之间的相互作用原理来工作，如压电效应、光声效应等。声波传感器的选择会影响到声学成像设备的灵敏度和频率响应范围。

（2）信号放大和调节模块。由于声波传感器产生的电信号通常较弱，需要通过信号放大和调节模块对其进行放大和滤波。这一模块通常包括放大器、滤波器和模拟－数字转换器等电路。信号放大和调节模块需要对输入信号进行精确的处理，以保证信号的质量和可靠性。

（3）数据处理系统。数据处理系统负责接收声波传感器产生的电信号，并对其进行分析和处理。这通常包括信号预处理、特征提取、信号分类和定位等步骤。数据处理系统可以基于专用硬件实现，也可以通过通用计算机和专用软件实现。在数据处理系统中，算法的选择和优化对声学成像设备的性能至关重要。

（4）显示系统。显示系统将数据处理系统产生的信息以图像的形式展示给用户。可以是二维图像，也可以是三维图像。显示系统可以通过专用显示器实现，也可以通过计算机或移动设备实现。显示系统需要提供清晰、直观的图像，以便用户快速了解设备的状况。

（5）辅助模块。为了提高声学成像设备的性能和便携性，还可以加入一些辅助模块，如电源模块、通信模块和数据存储模块等。这些模块的设计需要考虑设备的能耗、通信距离和数据安全等因素。

（6）电源模块。电源模块为声学成像设备提供稳定的电源。对于便携式设备，可能使用电池作为电源；对于固定设备，可能直接连接到电网。电源模块需要考虑设备的功耗，以提供足够的运行时间。

（7）通信模块。通信模块负责与外界进行数据交换。例如，可以将设备的检测结果发送到远程服务器，或者从远程服务器下载更新的检测算法。通信模块可以采用有线或无线方式，需要考虑通信的速度、距离和安全性。

（8）数据存储模块。数据存储模块用于存储设备的检测结果。这可以是内置的硬盘或闪存，也可以是外部的存储设备。数据存储模块需要考虑存储的容量、速度和可靠性。

在实际应用中，声学成像设备的设计和优化需要考虑各种因素，如传感器类型、算法选择、能耗的限制、环境条件等，以满足电力系统中的各种需求。例如，对于需要在嘈杂环境中工作的设备，可能需要选择高灵敏度的声波传感器和强大的信号处理算法；对于需要长时间连续工作的设备，可能需要选择大容量的电源和存储模块。

2.5.3 声学成像技术的应用

声学成像技术主要应用在局部放电检测、机械故障诊断、实时监测和预警中。

2.5.3.1 *局部放电检测*

声学成像技术是一种有效的局部放电检测方法。在局部放电发生时，会产生高频声波，这些声波在设备内部传播，通过设备的外壳传到外部空气。声学成像设备的声波传感器可以捕捉到这些声波，并将它们转化为电信号。然后，这些电信号被送入数据处理系统进行处理。

数据处理系统会对电信号进行频谱分析，提取出放电信号的频率、强度和相位等信息。这些信息可以用来识别放电的性质，如放电类型、放电强度等。此外，数据处理系统还会对放电信号进行定位处理，确定放电的位置。这通常需要利用多个声波传感器，并利用声波的到达时间差或相位差等信息进行定位。

通过声学成像设备，可以直观地看到设备内部的局部放电情况。设备的操作人员可以根据声学成像的结果，对设备进行进一步的检查和维护，如改善设备的绝缘状况，避免设备的过早失效。

值得注意的是，声学成像设备的性能受到许多因素的影响，如传感器的性能、数据处理算法的性能、设备的结构和材料等。因此，声学成像设备的设计和优化需要考虑这些因素，以提供准确、可靠的局部放电检测服务。

首先，声波传感器需要具有高灵敏度和宽频响应范围，以捕捉到微弱的放电信号。此外，声波传感器还需要具有良好的抗噪声性能，以降低环境噪声的影响。其次，数据处理算法需要能够有效地提取出放电信号的特征，并准确地定位放电的位置。这通常需要利用高级的信号处理和机器学习技术。最后，设备的结构和材料需要能够有效地传播声波，以提高声学成像的分辨率和精度。这可能需要通过仿真和实验来优化。

2.5.3.2 机械故障诊断

在电力系统中，声学成像技术也被广泛用于机械故障诊断。机械设备在运行过程中，由于各种原因，如磨损、松动、腐蚀等，可能会出现各种故障。这些故障在发展到一定程度时，会引起设备的异常振动和噪声。声学成像技术可以捕捉到这些振动和噪声，从而用于故障的检测和诊断。

具体来说，声学成像设备的声波传感器会捕捉到设备产生的声波，这些声波被转化为电信号，然后被送入数据处理系统进行处理。数据处理系统会对电信号进行频谱分析，提取出声波的频率、强度和相位等信息。这些信息可以用来识别设备的工作状态，如设备的运行速度、负载条件等。此外，这些信息还可以用来识别设备的故障模式，如轴承故障、齿轮故障等。

例如，轴承故障通常会在特定的频率产生强烈的振动，这些频率与轴承的结构参数和工作速度有关。通过分析振动信号的频谱，可以识别出这些特征频率，从而确定轴承是否存在故障，以及故障的类型和程度。同样，齿轮故障也会在特定的频率产生强烈的振动，这些频率与齿轮的齿数和工作速度有关。通过分析振动信号的频谱，可以识别出这些特征频率，从而确定齿轮是否存在故障，以及故障的类型和程度。

此外，数据处理系统还会对振动信号进行定位处理，确定故障的位置。这通常需要利用多个声波传感器，并利用声波的到达时间差或相位差等信息进行定位。通过声学成像设备，可以直观地看到设备内部的故障情况，并且可以根据声学成像的结果，对设备进行进一步的检查和维护，避免设备的过早失效。

声学成像技术在机械故障诊断中的应用，不仅可以提高设备的可靠性和寿命，还可以减少维护的成本和时间。通过提前发现和修复故障，可以避免设备的突然失效，保证电力系统的安全稳定运行。

2.5.3.3 实时监测和预警

声学成像技术在电力设备的实时监测和故障预警中起着重要的作用。在电力系统中，许多设备，如变压器、开关柜、电机等，都需要进行实时监测，以确保它们的正常运行。声学成像技术可以提供一种非侵入性的监测手段，捕捉设备内部的声波信号，从而获取设备的运行状态和健康状况。

首先，声学成像设备的声波传感器会持续地捕捉设备产生的声波。这些声波可能来自设备的正常运行，也可能来自设备的异常状态，如局部放电、机械故障等。通过实时监测这些声波，我们可以获取设备的运行状态，如设备的运行速度、负载条件等。

然后，这些声波被转化为电信号，被送入数据处理系统进行处理。数据处理系统会对电信号进行频谱分析，提取出声波的频率、强度和相位等信息。这些信息可以用来识别设备的故障模式，如轴承故障、齿轮故障、绝缘故障等。此外，数据处理系统还会对这些信息进行趋势分析，以评估设备的健康状况和寿命。通过对比设备的历史数据和基准数据，可以发现设备的异常状态，并为可能发生的故障提供预警。

为了实现实时监测和故障预警，声学成像设备需要具备实时数据采集、数据处理和分析、故障识别和定位、预警等功能。

（1）实时数据采集。声波传感器需要能够持续地捕捉设备产生的声波，以获取设备的实时运行状态。

（2）数据处理和分析。数据处理系统需要能够对采集到的电信号进行实时处理和分析，提取出有关设备健康状况的信息。

（3）故障识别和定位。数据处理系统需要能够识别出设备的故障模式，并通过多个声波传感器的信息进行定位，以便于设备的维护和修复。

（4）预警功能。数据处理系统需要能够对设备的故障趋势进行分析，为可能发生的故障提供预警，从而帮助设备的操作人员提前采取措施，防止设备故障导致的停运。

例如，设备发生局部放电时，声学成像技术可以检测到这些放电信号，并及时进行处理和预警。如果局部放电的频率和强度逐渐增加，数据处理系统可以发出警报，并提醒设备操作人员采取相应的措施。

同样，如果设备的轴承出现磨损和松动，声学成像技术也可以捕捉到设备产生的异常振动和噪声，从而用于故障的检测和预警。如果振动和噪声的强度和频率逐渐增加，数据处理系统也可以发出警报，并提醒设备操作人员采取相应的措施，如更换轴承、加强润滑等，以避免设备的过早失效。

3 开关柜在线监测技术

3.1 开关柜在线监测系统

开关柜是变电站内重要的一次设备，在运设备型号繁多、数量巨大，但产品质量良莠不齐，若出现缺陷或故障会为电网安全可靠运行带来隐患，严重时会造成巨大的经济损失或人身伤害。因此，利用现代传感技术、通信技术、信息技术实现对开关柜状态的实时在线监测、故障预警和状态分析，构建开关柜在线监测系统，全面提高高压开关柜状态感知能力和智能诊断决策水平是十分必要的。

在线监测技术可以根据对电力设备运行状态量的长期监测数据，及时反映开关柜各状态参量与环境参量，发现发展中的事故隐患，防患于未然。与传统的预防性试验相比，在线监测系统采用更高灵敏度的传感器以采集运行中设备信息量，信息量的处理和识别也依赖于有丰富软件支撑的计算机网络，不仅可以把某些预试项目在线化，而且还可以引进一些新的更真实反映设备运行状态的特征量，从而实现对设备运行状态的综合诊断，促进生电力设备由定期试验向状态检修过渡的进程。

开关柜在线监测系统实时监测开关柜中表示电气设备运行状态的各类信息参量和运行环境信息，主要包括开关触头温度、出线电缆接头温度、环境温湿度、操动机构机械特性、开关柜绝缘劣化情况等数据。根据监测数据及变化趋势，指导检修工作的实施。在线监测系统支持运维检修人员在事故发生前掌握设备状态并提前进行处理，大大降低设备事故发生的概率，同时为设备状态检修的实施提供依据。

3.2 开关柜无线无源测温技术

3.2.1 背景及意义

电气设备的发热包括电阻和介质损耗引起的发热、铁芯磁路故障引起的发热和其他异常情况的发热。设备的导电接点或触点，不论是松动还是接触压力降低都会引起接触电阻的增大。电阻的增大产生局部的过热，温度升高又会加快接触面金属的氧化，进一步增大了接触电阻，结果造成局部温度快速升高的恶性循环。

我国大多数的高压设备是封闭式结构，散热条件差，长时间工作在高电压、大电流、强磁场的环境中，使得热量集中。目前，封闭式结构的开关柜内部过热现象已成为开关柜中的一个普遍问题。在一些重负荷地区，存在开关柜的温升超标情况，直接影响设备的安全稳定运行。而且过热问题是一个不断累积的过程，如不加以控制，过热现象会越来越严重，并对设备寿命产生影响，严重时会引起设备故障甚至造成事故。

高压开关柜是电力系统中直接担负着系统负荷分配的设备，因通过负载电流较大，部分开关柜长期通过电流可高达4000A，而柜内触点接触位置偏移、动静触指弹簧松动、材质不良等因素都将造成触头接触不良，从而产生严重发热。按照《高压交流开关设备和控制设备标准的共用技术要求》（GB 763—1990）相关要求，10kV高压柜内裸铜或裸铜合金触指允许最高温度为75℃，高压开关柜内设备触头的发热温度不能超过最高允许发热温度，否则各接触点运行温度太高会引发高压开关柜事故，因此选用一种合适的测温方法对高压开关柜接触点的温度进行在线监测是十分必要的。

为了提高开关柜运行状况，确保人员安全，目前开关柜（XGN柜、KYN柜）全部采用金属密封结构，传统的测温方法已经不在适合于新的开关柜，特别是KYN型中置移开式开关柜（小车柜），其导电部位在运行时全部由绝缘材料遮挡住，普通的红外测温技术无法对其内部设备进行测量，必须采用开关柜内部测量的方法，实时监测大电流开关柜内部器件运行状况，及时察觉故障源头，防止事故的发生。其中KYN型中置移开式开关柜的实物图如图3-1所示。

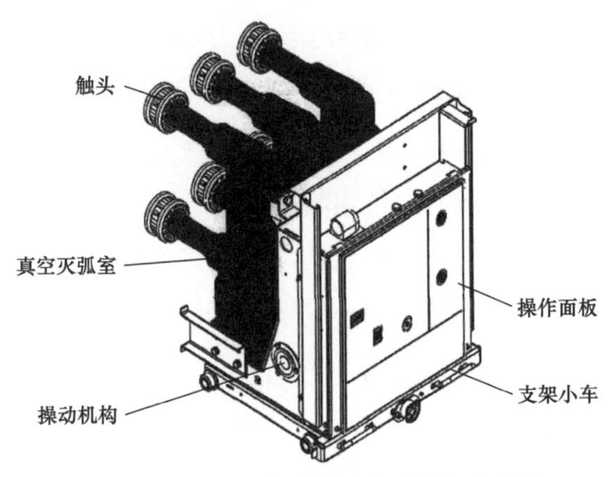

图 3-1 KYN 型中置移开式开关柜实物图

3.2.2 开关柜对在线测温技术的要求

开关柜在线测温不同于普通的测温手段，它对测温技术有着特殊的要求。根据现场开关柜设备的具体结构和运行情况，开关柜对测温技术的主要要求有：

（1）非接触式测温法不能适应现场的开关柜结构。开关柜柜内结构特殊，在开关柜内有限的空间集成有高压断路器、隔离开关、交流互感器、电缆头等设备，为了避免柜内设备因脏污受潮发生污染事故，确保足够的爬电距离和系统的安全性，开关柜内导电部位都进行了绝缘热缩包装隔离，这种结构决定非接触式红外测温方法无法在开关柜内得到良好的应用。而在此情境下，接触式无线温度传感器同样采用耐污性能良好的耐高温材料来隔离，从而既确保系统的安全可靠性，又同时满足开关柜内不绝缘包覆内导电部位的测温需求。

（2）测温装置高压绝缘性能问题突出。由于开关柜内设备在额定电压下运行，温度传感器必须安装在被测物体测量点，属于高电压设备，而信号采集部分一般安装在柜体或柜体外，其外壳与地网连接，即温度传感器和信号采集装置之间存在高电压，因而必须采取措施来实现高、低压设备的隔离，同时要求测温传感装置不能影响设备间的安全距离，否则会造成开关柜内设备的安全事故，这是开关柜测温系统在实际应用中要考虑的首要问题，也是导致开关柜测温技术发展缓慢的一个重要原因。

（3）测温装置不能影响设备原有操作性能。开关柜内断路器和隔离开关均是可操作设备，要根据运行方式要求进行分合操作，在线测温装置的安装不能影响该部分设备的原有性能，这就要求测温装置能适应现场设备的具体结构，并且具备与金属运动部件相同的机械可靠性。

（4）高压开关柜柜体运行环境恶劣。高压开关柜柜内是全密封结构形式，除了部分观察窗外，其余部分都用金属挡板密封，按照开关柜 IP3X 的防护等级要求，柜体缝隙不能大于 2.5mm，同时柜内设备运行电流很大，部分大电流柜电流高达数千安培，且处于变电站站内的复杂电磁环境中，电磁干扰会对测温系统带来很大影响，测温元件与信号传输回路能否在复杂电磁干扰环境下稳定运行将直接影响测温装置的可靠性。

3.2.3 国内外开关柜测温技术研究现状

国内外对开关柜测温技术的研究，大致分为接触式测温和非接触式测温两种手段。根据测温方法的主要特征，具体可以分为红外测温法、光纤光栅测温法、有源无线测温法、无源无线测温法。

3.2.3.1 红外测温法

红外测温法又可以分为红外成像测温与红外探头测温两种测温方式，两种方式都属于非直接接触测量的方法。

红外成像测温法是根据黑体辐射定律的原理，物体表面的温度通过物体的红外辐射能量大小和波长分布来表现的，因而可以通过测量物体的红外辐射能量大小来测定物体的表面温度。由于开关柜内部的复杂结构，此种方法的准确性仍不满足要求，并且高成本也限制了其应用。对于红外探头测温法，也是依据黑体辐射定律，利用红外探头作为温度传感器，通过一系列的处理、传输电路来实现温度的检测，此种方法同样会受到开关柜内复杂结构的制约，不能得到准确的温度值，因此通用性比较差无法广泛使用。

3.2.3.2 光纤光栅测温法

随着光纤通信和集成光学技术的发展，光纤传感技术在传感器领域表现得非常活跃，与传统的传感技术相比，光纤传感器的优势是光纤本身的物理特性而不是功能特性。光纤传感技术具有质量轻、抗电磁干扰、电气绝缘、体积小、耐腐蚀、耐高温、衰减幅度小、集信息传感与传输于一体等特点，能够解决常规测温技术难以完全胜任的测量问题。光纤良好的绝缘性能，很好地解决了电力系统和测量设备的高压隔离问题，信号传输采用光纤介质能够起到抗干扰的作用，保证数据的准确性。但是，光纤易折断，同时光纤表面也会受到污染，将造成沿光纤表面“爬电”，降低系统的绝缘性能。

3.2.3.3　*有源无线测温法*

有源无线测温是之前应用较为广泛的开关柜测温技术，其主要利用电池为测温传感器提供电能，通过低功耗电路设计与休眠工作方式，利用接触式感温、无线传输等手段实现对开关柜的温度监控。有源无线测温传感器优点为安装简单，无需开关柜内安装天线、敷设线缆；缺点为电池容量受限，根据研发技术水平不同使用寿命为 1～5 年。而电池作为隐患点和故障点，是后期维护的重要部位，因为电池选用不当，出现抗高温性能差、寿命不稳定、电池电解液泄漏、腐蚀其他配件等现象，甚至引起爆炸危险。为降低电池电量消耗，除了进行低功耗电路设计和休眠工作方式外，还需要拉长温度采样间隔，一般设置 5min～1h 采集一次量测点数据，实时性不足。

有源无线测温也可利用电流互感器获取电能，通过电磁感应定律，将高压侧交流电场转换为电流互感器铁芯的磁场，又通过缠绕在铁芯上的绕组线圈感应出电能，目前在电力系统广泛应用于故障指示器类产品。电流互感器无线测温就地解决了电源获取问题，同时内部配备备用电池，可在现场施工或者开关柜停电时进行电源供应，维持设备短时继续工作。由于体积庞大，现场安装局限性太强；受负荷电流影响较大，弱电流取电困难，强电流对设备保护要求较高。

3.2.3.4　*无源无线测温法*

无源无线测温法解决了开关柜测温系统高、低压侧之间的高压绝缘问题，属于接触式测温方法，同时解决了红外测温法难以监测高压开关柜内触点运行温度的问题。分布式测温节点直接安装在需要测温的地方，数据接收装置放在与开关柜体有一定距离的地方，分布式测温节点与数据接收装置之间采用无线传输方式进行数据的传输，从而实现高压隔离问题和数据的有效传输。无源无线测温技术无需考虑传感器供电问题，不用考虑布线的问题，有助于节省变电站的空间和降低设备的复杂程度，实用方便，安装维护简单，相对于别的测温手段有很大的优势，具有广阔的发展前景。

下文重点介绍无源无线测温技术。

3.2.4　无源无线测温系统

3.2.4.1　无源无线测温技术原理

无源无线式温度传感器采用了声表面波（surface acoustic wave，SAW）温度传感技术，该技术采用声表面波谐振腔结构，当压电晶体基片上的换能器将输入的无线电磁波信号转变成声信号后，被左右两个周期性栅条反射形成谐振，谐振频率随温度的改变而改变，且在一定温度范围内呈线性关系，当换能器将声信号转变成无线应答信号输出后，就可以通过测量频率变化得到温度值。采用声表面波温度传感技术的传感器线性度较好，测温范围（−20～150℃）和精度误差（±3℃）满足高压开关柜内隔离开关触头、断路器触头、导电排连接等部位的温度监测需求。无源无线在线测温技术的测温硬件由传感器、天线、信号收发器三部分组成。其中，传感器的结构如图 3−2 所示。

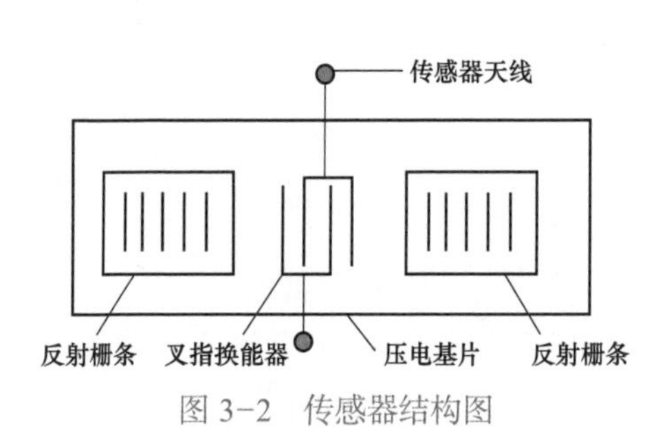

图 3−2　传感器结构图

声表面波传感器分为谐振型和延迟型，本书选用的是谐振型声表面波传感器。传感器由传感器天线、压电基片、叉指换能器、反射栅条组成，整体安装在需要测温的设备表面上。

叉指换能器与反射栅条在压电基片的表面，传感器天线接收无线查询电磁波并输入至叉指换能器，叉指换能器将输入的查询电磁波变成声表面波，声表面波沿着压电基片表面向左右两侧传播，被左右两个周期性反射栅条反射回来，左右两个反射回来的声表面波产生谐振并通过叉指换能器变成谐振的返回电磁波后，通过传感器天线发送出去。

被测设备表面的温度变化改变压电基片的特性，随着温度的变化，传感器的谐振频率与温度变化成正比关系。传感器天线将叉指换能器转换成返回电磁波响应信号发出后，即可测得所测物体表面的温度。该声表面波温度传感技术有较好的线性度，在 150℃以下能做到可靠精确测量，测量误差可控制在 3℃左右范围内，满足开关柜内动静触头接触部位的温度监测需求。

天线是传感器与信号收发器之间信号互通的桥梁，实现有线传输的电信号与无线传播的电磁波间的相互转换。工作中将信号收发器的查询信号转换为无线查询电磁波发射出去，同时接收温度信号返回电磁波，转换为温度信号后输入信号收发器。天线安装在与传感器同腔室的开关柜柜壁上，与信号收发器通过信号线缆连接。

信号收发器通过天线发射无线查询电磁波，无源无线温度传感器根据所在导体表面温度的不同，返回相应频率的电磁波。信号收发器将柜内所有温度信号数据采集后上传至无源无线测温管理装置。温度数据可实时显示并自动保存，运维人员可对设备运行温度进行实时监视和查阅历史数据。信号收发器安装在开关柜继电器仪表室内，通过电源空气开关从交流回路取电。温度采集收发原理如图 3-3 所示（$f_0+k\times\Delta t$，其中 f_0 为参考温度下的谐振频率，Δt 为被测温度和参考温度的差值，k 为系数）。

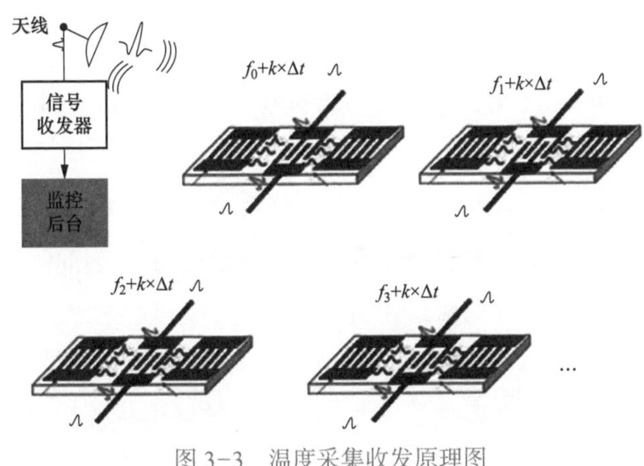

图 3-3 温度采集收发原理图

3.2.4.2 无源无线在线测温关键技术

（1）信号收发器采用时分半双工模式来传输无线电磁波信号，并无线扫描设定的频段。当测量范围内有传感器时，传感器将根据其共振频率返回射频信号。测量返回信号的幅度可确定范围内有无传感器。信号收发器使用最大回波能量点的频率来计算当前传感器温度。

（2）表面声波传感器为不需要电池供电或外接电源的无源器件，明显优于传统的有线测温技术。无源无线测温技术与高压设备通过无线信号进行一、二次隔离，具有安全性高、安装维护方便、耐用性强等优点。信号收发器可以同时监控多个开关柜不同腔体的多点温度，且无需布线，安装简便。声表面波装置由压电材料制成，可以承受高温和高电磁辐射等恶劣环境，在环境要求苛刻的应用中具有明显优势。

（3）无源无线在线测温系统采用专用射频模块用于抑制电磁干扰，从而提升电磁兼容性，将无线信号传输距离设计为2m以上。可在高压环境中对关键部位实现准确的温度测量和远程无线采集。

（4）基于声表面波谐振测温技术，可通过采用低损耗的$LiNbO_3$晶体制作单端口谐振声表面波器件，来实现高精度、可靠、远距离的测温，实现区域内最多12个不同编码传感器同时应用，满足开关柜中测量布点的需求。

（5）实现实时在线准确的温度测量和预警，探头工作寿命长，在工作生命周期内免维护，并且可在不停电的情况下更换接收装置。实时温度监控平台能直观、系统、全面地实时描述每个触点的发热情况，可以有效避免发热引起的事故。

3.2.4.3　无源无线测温技术在KYN型开关柜安装应用中面临的问题及解决措施

（1）KYN型开关柜断路器的上下动静触头为主要发热点，处于狭窄的腔室内，温度传感器的安装位置应尽量靠近动静触头，因此需尽量减小传感器尺寸，以确保安全足够的对地距离。目前使用的安装方法主要有：①采用耐高温导热硅胶将传感器粘贴在上下导电臂圆管内侧。传感器粘贴时不能突出于导电臂圆管，以免断路器摇至工作位置时静触头压迫传感器使其松脱掉落；②采用阻燃性热缩塑料带将温度传感器固定在导电臂外侧靠近动触头处，传感器安装后的高度不应高于梅花触头，以保持传感器与开关柜壁有足够安全距离，如图3-4所示。温度传感器安装后开关柜的最小空气间隙仍应满足DL/T 404—2018《3.6kV～40.5kV交流金属封闭开关设备和控制设备》要求，且能承受规定的相应电压等级的交流耐压试验电压、操作冲击过电压和雷电冲击过电压。

（2）为提高无线信号传输能力，减少KYN型开关柜内部各腔室的屏蔽作用，无源无线测温技术采用双天线传输方式，通过强力磁吸安装在开关柜腔室左右两侧，同时收发无源无线温度传感器的信号，取其中能量最大的信号

(a)

(b)

图 3-4　触头测温终端安装位置

（a）测温终端安装于动触头；（b）测温终端安装于静触头

作为采样点。信号收发器与柜内每个腔室的天线有效连接、可靠通信，充分满足 KYN 型开关柜测温应用要求（见图 3-5）。

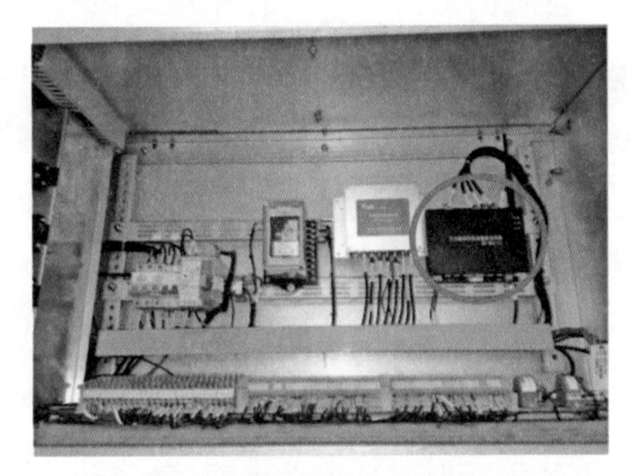
图 3-5　数据采集器安装于仪表仓内

（3）KYN 型开关柜内的多个传感器若设置不正确，将出现相互间信号干扰的情况。因此，同一 KYN 型开关柜内所有温度传感器需工作在不同频点，防止出现同频率相互干扰。装置应能够对抗同频率外来干扰，不得影响装置正常工作。

（4）安装在断路器导电臂外侧的传感器，由于导电臂表面有绝缘包封，将导致传感器出现悬浮电位，影响传感器的工作稳定性。因此，需在传感器底部增加等电位触点，可将导电臂绝缘包封打开后，使触点与断路器导电臂金属部位直接导通，避免传感器出现悬浮电位。

（5）在断路器触头严重发热时，传感器应可靠监测温度数据。故传感器耐受温度应大于发热缺陷预警温度 80℃，并且传感器能够耐受 150℃不损坏，外壳采用 UL94V-0 级阻燃材料，可满足现场运行要求。

无源无线在线测温装置不仅把运行人员从繁重、低效的开关柜测温巡视工作中解放出来，同时实现实时监测 KYN 型开关柜内部运行温度数据并预警，有效降低了设备因发热而引发事故的风险，提高了电网经济效益和社会效益，对变电站设备运维管理水平提升有积极推动作用。

3.3 开关柜运行环境监测及治理

开关柜因运行环境不良而引发的跳闸、火灾和触电事件频发，给电力企业电网运行管理部门带来了巨大挑战。运维单位每年均投入较多资金用于检测、检修和改造，然而效果并不理想，未能从根本上解决问题。

当前对开关柜运行环境的研究和改善案例很多，如通过理论计算、模型试验、仿真和数值模拟等方式，从温度、湿度和露点温度等方面多因素分析凝露潮湿现象和影响；提出干燥气源、破坏凝露形成条件、加装加热器、最优和综合控制等多种防治技术和应对策略；提出在开关柜内金属表面涂覆硅胶，延缓凝露发生；设计正压送风和负压排风两种开关柜防凝露通风除湿系统并加以应用；在开关柜中采用半导体除湿技术解决凝露问题；设计新型多功能开关柜智能监控装置，实现对开关柜一体化检测、监视和控制；提出构建在开关柜内加氮气正压系统，防止柜内凝露发生；设计和开发配网开关柜防凝露管理系统，实现自动控制除湿等。

总之，无论是采取柜内加热、环境除湿等传统模式，还是采用上述防潮防凝露新技术，现有研究普遍都是局部改善、零星完善和问题导向，缺乏整体性、全过程和系统性，现场运行总体效果不理想，运行环境本质安全隐患难以根本解决，推广效果不明显。

3.3.1 开关柜运行环境本质安全问题分析

统计发现，开关柜运行环境是导致放电的主要原因，运行环境不佳主要体现在以下几个方面。

（1）开关柜成本压降与运行环境冲突。为降低成本，高压开关柜体积不断缩小，空气绝缘裕度较小，部分绝缘件质量不佳，安装工艺不良，在空气湿度大和污秽较重的时候易导致放电。

（2）开关柜安全防护对运行环境要求。开关柜技术规范需要满足 IP4X 防护等级要求，柜内母线室、手车室、出线室三个室之间以及与柜外空气流动性差，在相对湿度达到 60% 以上时，相对湿度对凝露质量的影响显著。

（3）开关柜底部电缆沟潮气烟囱效应。开关柜底部一次和二次电缆沟设计和施工采取的防潮措施不足，渗水、凝露和潮气易存在，电缆沟内潮湿气体因烟囱效应进入开关柜内，致使柜内易聚集潮湿空气和凝露，尤其是母线室更为突出。

（4）外部环境因素变化诱发柜内凝露。开关室内外空气温湿度随季节变化，室内空调运行导致开关柜内外温湿度变化等，均可引起开关柜因内外温差在柜内设备上形成凝露。

（5）开关柜安装流程不规范导致的污秽。受施工工期、现场条件和流程管理不足等制约，开关柜从就位、安装到运行全过程防尘措施很难实施到位，吸附在柜内绝缘设备上的污秽与潮气共同作用下降低设备外绝缘，闪络电压迅速下降，造成爬电和沿面放电。

（6）开关柜内绝缘护套、异形盒、绝缘隔板等附属设备，投运后受停电困难、人员紧缺等因素影响，往往无法做到及时的检查与更换。这些绝缘部件设计之初可以增强开关柜内部绝缘强度，在固定空间内使用固体绝缘代替空气绝缘以保证开关柜安全运行，然而易损部件随着运行时间增长容易出现绝缘护套开裂、异形盒脱落、受潮及绝缘隔板劣化，从而导致开关柜发生放电故障。

3.3.2 开关柜温湿度场分布与凝露影响因素

3.3.2.1 开关柜内温度场分布

假设外界环境温度为 308.15K，环境及柜内初始相对湿度均为 80%，其中，相对湿度通过水蒸气质量分数相关转化公式得到，开关柜外壳与外界进行对流换热，隔室隔板仅考虑沿厚度方向的热传递，顶部开口采用敞开（Opening）边界条件，相对压力为 0Pa，即允许边界处有回流。对开关柜通以 630A 额定电流，计算开关柜内部温湿度分布。开关柜稳态温湿度分布见图 3-7。

由图 3-7 可以发现，当开关柜以额定电流运行时，柜内最高温度可高达 345.2K，铜质载流回路作为热源，其表面温度最高，柜内其余部位温度则随着与载流导体距离的增加而下降；此外，在断路器室中，由于断路器、触头盒外壳等均为绝缘材料，导热能力较差，因此该室内气体温度明显低于电缆室与母线室。

开关柜内相对湿度的增加主要源于外界湿空气扩散，由图 3-6 可以看出，载流导体作为热源，其表面相对湿度最低；断路器外壳、手车外壳及电流互

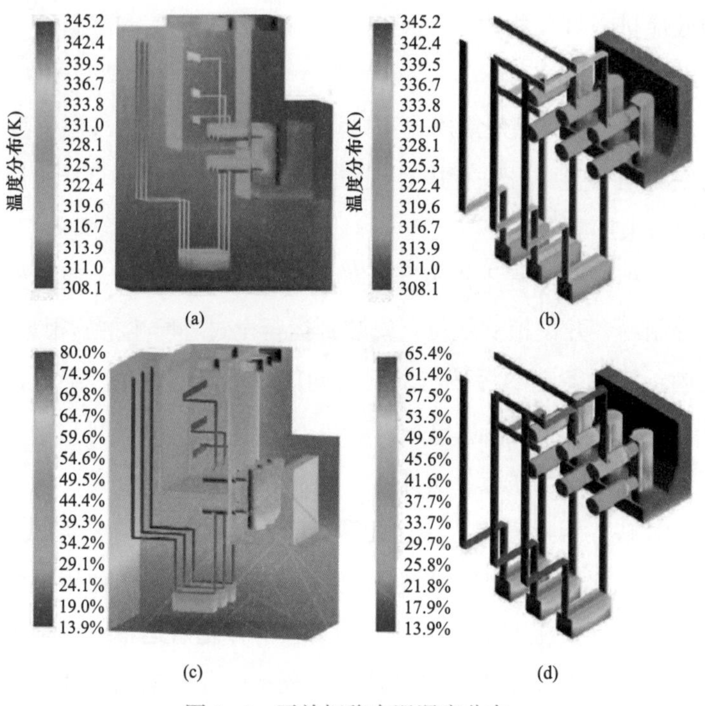

图 3-6 开关柜稳态温湿度分布

（a）整体温度分布；（b）载流回路温度分布；

（c）整体相对湿度分布；（d）载流回路相对湿度分布

感器表面下半部分由于温度低且周围空气流通性差，湿空气易在此聚集，其表面相对湿度较高，最大值可达 65.4%；母线室内由于母排发热，一部分湿空气被排出柜外，因此其内部相对湿度低于电缆室及断路器室。

进一步观察母线室与电缆室中温湿度场分布可以发现，由于母线室具有开口，与外界直接连通，因此位于该室内的触头盒温度较低，相对湿度较高，与电缆室触头盒相比，其温度低 3.8K，相对湿度高 7.4%。

3.3.2.2 凝露产生机理

凝露现象产生的原因与高压开关柜自身的结构设计有着密切关系。图 3-7 所示的三种典型开关柜三维结构设计，显而易见开关柜无法做到全封闭。因此，当开关柜密封性不强时，对于空气湿度较大的地区开关柜运行时极易发生凝露现象，而由于其防范方面存在诸多问题，因而由开关柜凝露引起的绝缘故障频繁发生，造成室内开关柜全面烧毁的事故。此外，由于负荷和环境的频繁变化，造成开关柜内部及其周围环境发生一定的变化，进而引起柜内

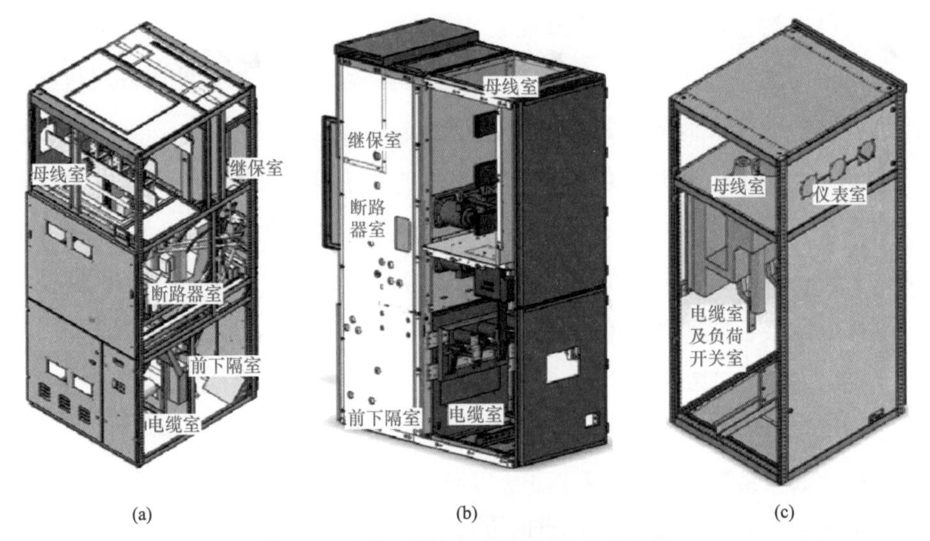

图 3-7　3 种开关柜三维结构设计示意图

（a）箱式固定柜（XGN）；（b）铠装式手车柜（KYN）；（c）箱式环网柜（HXGN）

外压力差，产生类似“呼吸”的作用。同时由于各个高压隔室比较密封，因此水汽进入后不容易散出，导致一定的累积效应发生，造成开关柜发生受潮凝露。潮湿空气即凝露是开关柜发生绝缘故障的最初原因。

从本质上来说，凝露现象发生的机理是当开关柜内部与空气接触的物体表面温度低于空气的露点时，在物体表面发生凝露现象。这里的露点或露点温度通常指在固定的大气压下，空气中所含的气态水达到饱和而凝结成液态水所需要降至的温度。空气温度、空气相对湿度和空气的饱和水蒸气压三者之间并没有非常确切的函数关系，且多需要通过经验数据来进行判定。

开关柜发生凝露现象的原因是多种多样的。根据工程经验，首先开关柜凝露的产生多与变电站的设置位置有着一定的联系，我国大部分变电站大多都设置在城郊地区，极易受到城市热岛现象的影响，从而导致开关室内部空气湿度相对较大。其次，开关柜凝露产生的原因多与其自身结构密切相关，例如高压开关柜大多由金属覆铝锌板拼接而成，导致其密封性不强、缝隙较多，并且底部有高湿度电缆沟，从而导致高压开关柜室内空气湿度相对较高。最后，还有一个原因就是当电源负荷在一定时间内发生变化时，会引起高压开关柜内导体部分、开关设备、绝缘部分等表面温度出现较大程度的变化，在这种相对湿度较高、温度变化大的狭小空间内，极易引起柜体本身、导体部分、设备部分等表面出现凝露现象。

以下情况会明显导致高压开关柜发生凝露现象：① 长期处于备用状态的母联开关柜、低负荷的开关柜等；② 与开关室所处位置有关，如处于二层楼或有地下电缆室，其潮气现象较微弱，而对于潮湿回暖的天气则易发生设备发电现象；③ 当开关柜的底部电缆仓密封性较差时，导致水汽极易进入柜内，加大柜内的湿度，在一定的温差条件下就容易形成凝露；④ 开关柜顶部设计的好坏，也会影响到凝露现象的发生。

3.3.2.3 开关柜凝露影响因素分析

环境温度下降时，触头盒、断路器外壳等表面温度下降幅度较大，最大降幅为 12K，易降至露点温度以下，从而形成凝露。

环境相对湿度增加时，开关柜内温度变化不明显，相对湿度及露点温度均有所增加；负荷电流变化 10% 时柜内温湿度均无明显变化，且两种工况下设备表面温度均高于露点温度，相对湿度均未达到饱和，短时间内无法形成凝露。

3.3.3 开关柜内整体温湿度监控

目前大多数的开关柜都安装有凝露传感器和除湿防潮设备，凝露传感器和加热除湿器均安装在开关柜的继电器仪表室、手车室和出线柜的侧面。但是大部分凝露传感器都只能在现场才能对其参数进行设置，运行状态得不到有效的监视，出现故障无法得到有效的告警，必须靠阶段性的检修才能发现；而为了营造开关柜适宜的运行环境，不论是加热除湿器还是变电站内大型抽湿机都被要求 24 小时处于工作状态，一来造成了资源的浪费，同时也无法监视其运行状态，一旦除湿防潮设备出现问题无法工作，如果不能及时发现，就会形成安全隐患。对于无人值守的变电站来说，非常不适用。

近年来，国内外一些技术研发公司相继推出了各具特色的监控系统，总体而言，他们研究的产品较为完善，功能大体有：对变电站温湿度的实时采集、有效的数据传输方式和一定的设备控制手段。但是大多数公司考虑市场时都注重产品的通用性，相对缺少针对性。若将这些产品直接应用到高温高压强磁场的变电站开关室中，其所述的环境因素的监测、有效的传输方式和控制手段均有待商榷。

3.3.4 开关柜运行环境监测及治理措施

高压开关柜的防露措施具有很高的应用价值。凝露现象发生的重要原因之一在于变电站位置的设置，因此高压开关柜防凝露措施应当在结合凝露产生的机理、原因和条件以及变电站所处地理位置及其所配置高压开关柜的自身结构和运行特点之后，根据实际需要执行，且在执行过程中需要对现存的防凝露措施中存在的问题有清晰的认识，然后采取有针对性的改进措施来设计开发新型的高压开关柜防凝露装置或系统，从而能够取得较为良好的凝露防治效果。根据实际工程经验，在高压开关柜防潮湿和凝露方面，可采取如下防治措施。

（1）合理布置温湿度监测传感器，结合实际开关柜的结构特点和运行环境，合理选用空气置换法，比如干燥空气置换法，去除柜内的湿空气，置换获得更多的洁净、干燥的新空气，并在同一时刻将潮湿的空气及时排出，使得柜体内最终可充满干燥空气，这种措施称为干燥空气置换法，需要相应的设备辅助才能实现。需要特别强调的是，在进行干燥空气置换时，应确保柜外或电缆沟内的潮湿空气难以进入柜内，以防止二次凝露现象发生。此外，使用干燥空气除湿法时，也可同时配合使用加热除湿法以降低柜内的空气湿度。这样一来，在防止凝露现象发生的同时也可有效避免局部放电现象或短路事故的发生。

（2）根据开关柜的实际结构，对柜内各类温湿度传感器进行科学、合理的布置，确保柜内的密封性达到一定的要求，尤其是确保地面与电缆沟保持充分的密封性，以避免由于密封性不足造成的柜内电气设备绝缘性能降低，发生沿面放电、闪络、烧毁等事故，在优化传感器设置工作过程中，可将传感器安装在隔室内电气设备元件集中区域的上部，能起到良好的应用效果；再者，对开关柜通风道路径布置、通风进风口、出风口位置进行优化设计，并考虑内部结构对空气对流的阻力影响，可有效提升开关柜的密封性，与此同时，做好内部电弧的防护工作，可进一步消除运行的安全风险；此外，设置科学的指令，制定合理的控制策略，控制柜内各式传感器能有效检测温湿度等环境数据，并使开关柜能执行不同的控制策略，从而准确地、快速地投切除湿装置。通过研究发现，合理科学地布置柜内加热器的位置可显著提高实际的加热除湿效果，进而有效防治凝露现象的发生。

（3）有效降低周围空气湿度和减少温差。配电室内密封良好，平时空调运行湿度保持在60%～80%，通过加装抽湿机容易实现降低配电室湿度的目的。电缆层则必须配置事故通风装置，并在排风机上配置停机自密封的闸板，对所有电缆出入口进行密封，尽可能降低电缆层的湿度。此外，降低温差也是一种控制凝露发生的有效措施，并可同步实现降低开关柜加热器的运行时间，有效节能。例如，当保持配电室在28℃左右运行时，能有效防止开关柜出现凝露。

实际运行过程中，后台以小时为单位获取设备所在地区的天气实时信息，配合前端设备采集到的实时温湿度数据，作为输入数据输入到精细化控制模型，得出设备控制策略信息，辅以计算出最适合的设备启停条件，真正做到实时条件控制。

另外，目前大多数开关柜设备处于半封闭运行状态，普遍存在底座潮湿甚至电缆沟积水现象，如果在山区，气候多变，很容易对状态监测与控制造成误差，对产生凝露的条件阻断不及时。综合上述内容，系统在容易产生凝露的时间段，如早上五点至上午十点阶段，空气较为潮湿，且环境温度处于上升阶段，这种环境下，开关柜内最容易发生凝露现象，所以这时既要保证环境相对湿度较低，还要保证开关柜体内部温度始终高于外部环境温度。系统控制前端除湿机工作，首先降低湿度，同时微热风循环系统开启，缓慢提高内部环境温度，预防除湿及微热循环设备停止工作后，内部温度快速下降，反而会产生凝露的问题。

在应用新型防治技术和装置方面，可通过集成应用干燥气体除湿技术、空气循环技术等新技术，投入应用后能改变目前单一以加热为主的局面，能适应开关柜狭小、复杂空间的防潮防凝露要求，不留防潮死区。同时，近年来物联网技术、智能控制技术、“互联网+”技术的逐步应用，将可改变目前分散管理的局面，实现集中监控管理，及时发现除湿故障和湿度超标，并对近凝露点进行预警，其运维底线在于保证不发生长时间高湿度、凝露等现象，确保设备安全运行，使开关柜的运维效率大大提高。

总的来说，在开关柜受潮凝露防治方面，通过制定合理的防治措施，可提高除湿效果，而选择合适的温湿度控制器也显得至关重要，该类控制器最好可自动调整温湿度启动值，并具备监测异常值的报警功能。具体可参考相关文献中提到的在日温差较大的地区或时段、高湿度地区或季节、雨季或高湿天气等情况时，温湿度控制器应当如何投切和使用。

3.4　开关柜机械特性监测技术

3.4.1　开关柜故障类型

通过对近几年的研究和调查发现，开关柜存在的主要故障有误动及拒动故障、开断与关合故障、绝缘故障。

（1）误动及拒动故障。这类故障在开关柜故障中占大多数，产生这类故障的原因主要是：① 传动系统或操动机构发生故障，可能造成操动机构卡涩，运动部件产生变形，甚至损坏，分、合闸脱扣失灵以及铁芯的卡涩、松动和轴销松断等；② 因控制及辅助回路的连接端子松动，二次接线接触不良，辅助开关不能灵活切换，二次接线错误，操动机构停滞等造成电流升高烧损分、合闸线圈，以及系统电源故障等均可能造成误动和拒动故障。

（2）开断与关合故障。对于真空断路器类开关柜，其真空泡的真空度，波纹管及灭弧室漏气、陶瓷管破裂等对断路器能够正常闭合和断开起着决定性的作用。

（3）绝缘故障。绝缘破坏造成内外绝缘对地闪络击穿，雷电过电压造成的烧损绝缘，相间绝缘被破坏产生的闪络击穿，电容套管、瓷瓶套管的击闪，电流互感器爆炸、闪络等均属于绝缘故障。

3.4.2　机械特性在线监测主要内容

要想实现开关柜机械特性在线监测，应根据开关柜的主要故障类型，机械特性主要参数以及其基本作原理，并结合当前技术的发展水平、产品的成本以及开关柜实际安装时的限制条件进行综合考虑，设计一套开关柜机械特性综合在线监测方案。开关柜主要监测内容有分、合闸时间，触头开距，触头行程，触头超行程，平均分、合闸速度，振动信号。

（1）分、合闸时间。从接到分、合闸命令开始一直到所有极触头都分离、闭合瞬间这段时间为分、合闸时间。

（2）触头开距。开关柜内断路器在分闸位置时，动静触头之间的距离即为开距。

（3）触头行程。动触头从开始运动一直到稳定状态这段时间走的总位移即触头行程。

（4）触头超行程。在完成合闸操作时，从断路器所有极触头均接触开始一直到合闸稳定所走过的位移量。

（5）平均分、合闸速度。指的是断路器在完成整个分、合闸过程时中间 80% 的平均速度。

（6）振动信号。开关柜产生的振动信号中含有大量的有用信息，设备的每一次动作都会产生振动，而操作过程中的每个状态都能够从振动信号的暂态波形中找到，因此可通过对振动信号的分析得到开关柜操作过程中的内部事件，并可找到振源，即故障发生部位。

3.4.3 分、合闸行程—时间在线监测

高压开关柜内断路器的机械特性包括断路器的时间特性、速度特性及行程特性，这些特性均可通过断路器动触头的行程—时间曲线求得。无论何种操动机构的断路器，在其接受分闸或合闸命令后，完成其指定动作都需要一定的时间，时间过长或过短都会影响断路器性能而最终引发断路器故障。断路器分闸和合闸时间与其速度密切相关，直接影响它的开断和关合性能。如果分闸时间过长，分闸速度自然降低，灭弧性能受到影响，电动力增大而导致开关分断失败；如果分闸时间或合闸时间过短，则分闸速度或合闸速度就会变大，从而对断路器造成较大冲击，影响其寿命；可见断路器分、合闸速度是一个非常重要的参数，直接影响开断性能和开关寿命。由此可知，通过断路器行程—时间曲线得到的时间参数、速度参数及行程参数对于断路器机械故障诊断及其健康状态评估有着重要的意义。

机械特性是断路器工作状态的重要表征。高压开关柜内断路器机械特性在线监测的基本要求是既不能影响开关柜内断路器原有机械特性和绝缘性能，又要真实地反映其动触头行程随时间的变化关系。此外，传感器还要便于安装，即监测系统的适应性要强，不能改动断路器原有结构。这就要求选用传感器体积不能太大，并且线性度和灵敏度要尽可能高。

长期以来，高压开关柜内断路器机械特性在线监测由于开关柜内空间比较小，断路器机械特性监测传感器不易安装固定、断路器刚分、刚合时刻不好确定等问题而无法实现。

德国 Novotechnik 公司 RFC4800 系列 600 型的一种磁场感应测量非接触式的角位移传感器，其最大特点为只需将磁位器与断路器主轴相连，传感器无需与主轴有直接地物理性连接，较好地解决了传感器安装问题。

通过霍尔电流传感器检测分合闸线圈电流，同时检测角位移传感器变化参数，经 AD 转换为数值信号，由单片机（micro control unit，MCU）内部分析处理。机械特性的刚合刚分时间通过监测断路器辅助开关切换时间及断路器触头和辅助开关相对固定的时间差计算所得。监测装置通过测量断路器的分合闸行程开关及主轴旋转角度测量触头的行程。主轴的旋转角度与触头的行程间存在联系，而断路器断开闭合过程将会对两者造成影响，因此在线监测装置可根据此理论进行设计。

3.4.3.1 分闸过程

通过安装相应的传感器得到分闸特性曲线，并结合分、合闸线圈电流曲线计算得到分闸时触头行程、平均分闸速度等参数。结合分闸特性示意图（见图 3−8），当开关柜接到分闸命令后，操作回路接通，分闸线圈通电，在电磁力足够大时，驱动铁芯撞击分闸掣子，使其脱扣，在接触缓冲器前这段距离为 D_1，在接触缓冲器后断路器动触头会继续动作，继续走过的这段距离用 S_1 表示；分闸完成后动静触头之间的距离为开距用 D 表示；压簧从压缩到恢复原来状态这段距离为超行程 S_0；从分闸开始一直到分闸结束所走的总位移为触头行程用 S 表示；对分闸速度的测试区段进行了很多研究，一些厂家规定为整个开距，有的规定从触头刚分开始到接触缓冲器以前的这段距离，有的则规定为从分闸后一定区段到接触缓冲器前。综合考虑本书选用开关柜的特点和接触缓冲器后断路器分闸速度的降低对开关柜开距影响不大的特点，本设计按中间 80% 的曲线来计算平均分闸速度，也即计算动触头刚分后 D_1 区段内的平均速度平均分闸速度 $v_F = \dfrac{D_1}{T_1}$，分闸过程中动触头运动过程示意图如图 3−9 所示。

3.4.3.2 合闸过程

通过安装相应的传感器得到合闸特性曲线，并结合分、合闸线圈电流曲

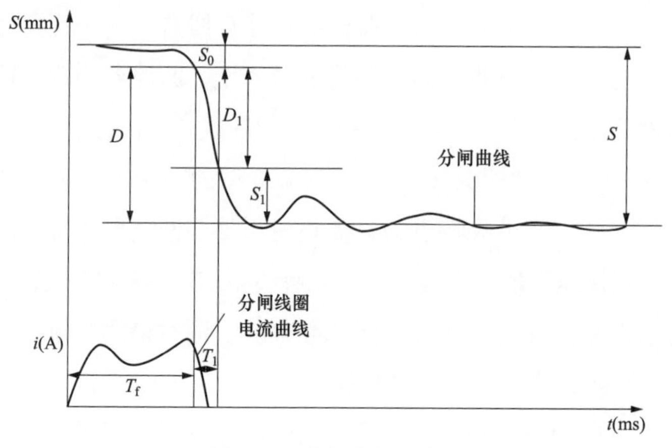

图 3-8　分闸特性示意图

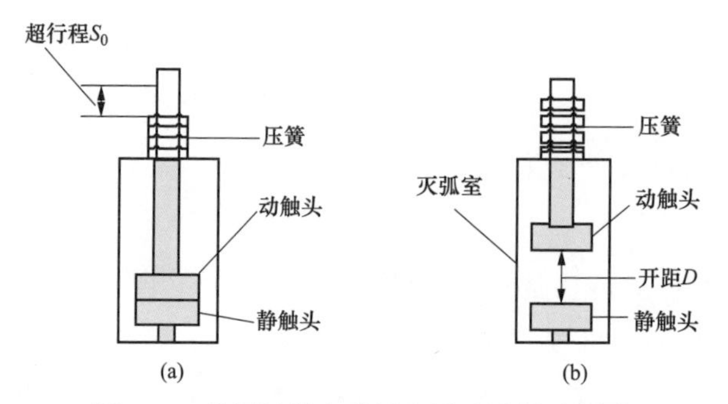

图 3-9　分闸过程中动触头运动过程示意图

（a）分闸前；（b）分闸后

线计算得到合闸时触头行程、触头超行程、平均合闸速度等参数。

结合合闸特性示意图（见图 3-10），断路器在接到合闸命令以后，合闸线圈得电，在电磁力足够大时，驱动铁芯撞击合闸掣子，在合闸弹簧（也即储能弹簧）的作用下，机构联动推动连杆使动触头向下移动，一直到接触静触头这段距离为开距 D，然后由于合闸弹簧的作用，压簧会继续向下运动一段距离，这段距离即为超行程 S_0；S_0+D 即为总行程，用 S 表示，平均合闸速度 $v_H=\dfrac{D}{T_h}$。合闸过程中动触头运动示意图如图 3-11 所示。

研究表明，分、合闸速度过快或过慢都将对开关柜的正常运行不利，在分闸过程中，若速度过慢则不能快速切除故障，产生燃弧现象，烧毁断路器触头，甚至引起灭弧室爆炸或断路器喷油等事故；若合闸速度过慢，且此时断路器正好发生短路，强大的电流电动力阻碍触头关合，同样会产生燃弧现

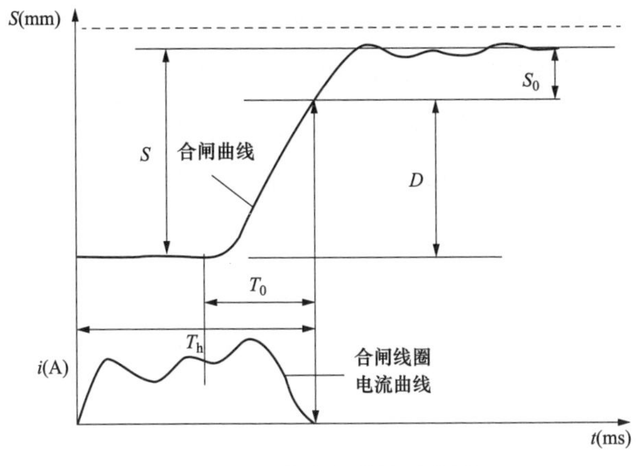

图 3-10　分合闸特性示意图

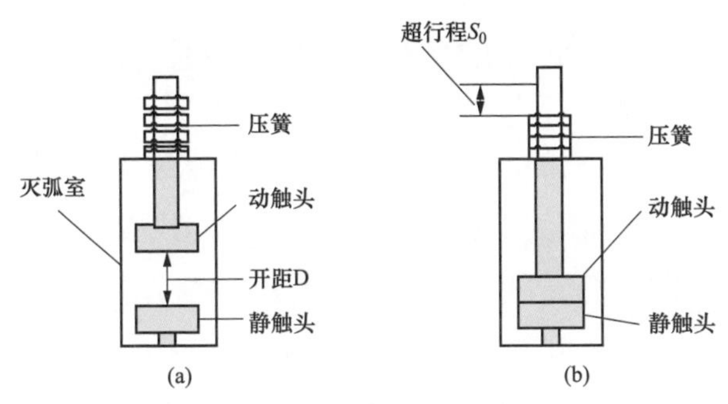

图 3-11　合闸过程中动触头运动示意图

（a）合闸前；（b）合闸后

象，烧损断路器触头，甚至造成触头强烈振动或关合停滞现象；若分、合闸速度过快，则因强大的冲击力造成机构变形损坏，不能够可靠动作，使操动机构的使用寿命大大降低。所以分、合闸速度是一项重要的监测内容，通过对分、合闸行程—时间的曲线进行监测，并经过计算可以得到触头行程、触头开距、触头超行程、平均分闸速度和平均合闸速度等机械特性参数，通过对比正常时的运行参数可以发现开关柜存在的故障隐患，从而做到提前预防事故的发生。

3.4.4　分、合闸时间在线监测

通过对开关柜分、合闸线圈电流的监测可得到分、合闸时间参数。开关柜机械特性的分、合闸时间是开关柜在线监测中非常重要的参数，是衡量开关柜机械特性性能优劣的重要指标，并直接影响着开关柜中开关本体的开断性能。

研究分析表明，对于分、合闸时间的提出主要依赖于小波分析理论的成熟。小波分析理论依赖于傅里叶变换的发展而发展，它又同时弥补了傅里叶变换的不足，小波分析方法的本质是对傅里叶级数正弦波进行变换，得到平方可积的正交基，再利用这些正交基对函数进行描述，对得到的信号进行处理时用到了小波分析中的多分辨的分析方法，也就是利用小波分析变化得到几个层次的小波系数，然后对小波系数进行信号的重构及分解，从而提出在频率和时间方面有用的信息。通常根据所用开关柜分、合闸时线圈电流的大小，选用灵敏度极高的霍尔电流传感器对分、合闸时间进行测量，该类电流传感器适合开关柜内安装环境，能够测量小电流、非稳态直流，并且具有可靠性高、免维护的特点。传感器安装在分合闸线圈线缆电源线上，电流传感器原边导线，尽可能放置于传感器的孔径中心。由于传感器不介入断路器自身的电气回路，因此避免了对断路器电气性能的影响。

开关柜分、合闸线圈的电流为直流，霍尔电流传感器监测过程为：首先假设开关柜分、合闸线圈的电流为 I_1，将分、合闸线圈穿过霍尔电流传感器转换成电流经过霍尔电流传感器变换成电流 I_2，经过测量电阻 R 将电流 I_2 转换成 U_0 作为输出，霍尔电流传感器工作原理图如图 3-12 所示，利用低通滤波器对得到的电压信号 U_0 进行滤波，然后通过射极跟随电路对信号进行隔离和放大，最后接输出电路。电流信号的滤波电路如图 3-13 所示。分、合闸线圈电流监测传感器如图 3-14 所示。

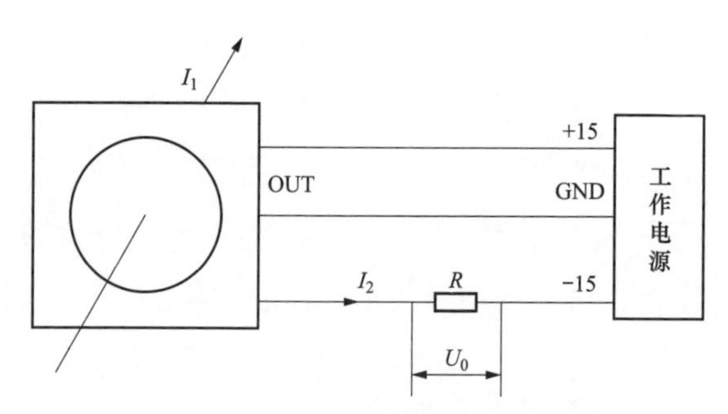

图 3-12　霍尔电流传感器工作原理图

开关分、合闸线圈电流中包含着很多的开关机械状态的信息，图 3-15 为典型的线圈电流波形。

此外，波形中的 i_1、i_2、i_3 分别对应于 t_1、t_2、t_3 时刻的电流值，既可以反

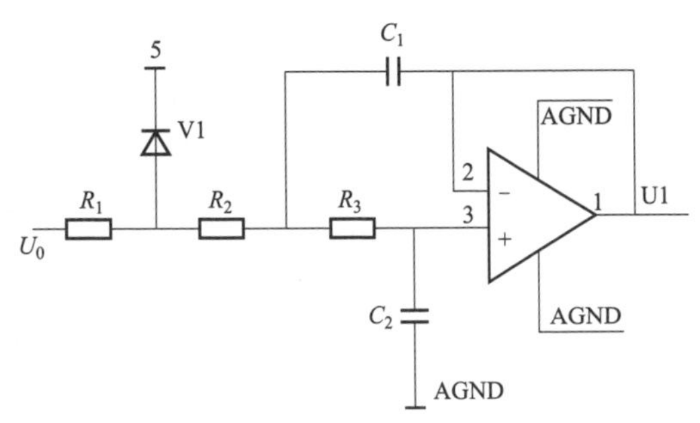

图 3-13　电流信号滤波电路

图 3-14　分、合闸线圈电流监测传感器

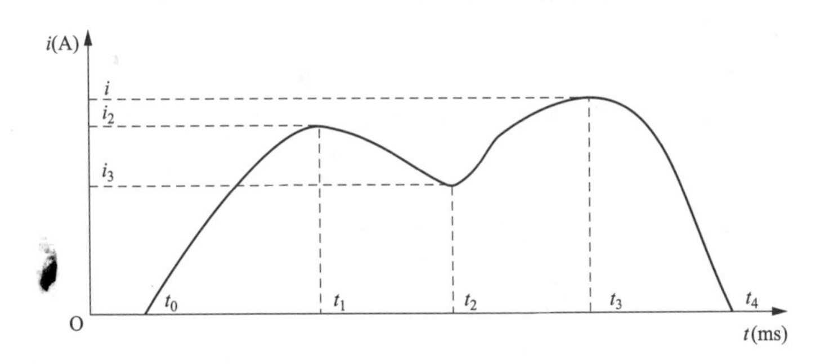

图 3-15　典型线圈电流波形

t_0—执行分 / 合命令时刻，线圈开始通电，是整个分 / 合动作的起始点；

t_1—铁芯开始运动的时刻，但实际的铁芯始动时刻要略早于 t_1；t_2—铁芯停止运动的时刻；

t_3—断路器的辅助触点切断的时刻，电流开始减小，直到 t_4 时刻电流减为 0，整个动作结束

映电源电压、线圈电阻以及电磁铁铁芯的运行的速度信息，还可以用来作为分析动作的参考。根据开关分、合闸线圈电流的录波信息，分析分合闸的时间、能量和特性点 t_1、t_2、t_3 及对应时刻的电流，判断开关的操动机构是否正常，是否存在卡阻及性能下降。

3.4.5 振动信号在线监测

开关柜产生的振动信号中含有大量有用信息，设备的每一次动作都会产生振动，而操作过程中的每个状态都能够从振动信号的暂态波形中找到，因此可通过对振动信号的分析得到开关柜操作过程中的内部事件，并可找到振源，即故障发生部位。因此，以振动信号监测为基础，无需拆卸的开关柜机械状态诊断方法，在国内外得到了广泛的应用。

对于开关柜机械特性振动信号的监测不涉及电气量，所以不必担心强磁场以及高电位的影响，而且监测用传感器安装于开关柜内断路器的底座上，对开关本体的正常工作也没有任何影响。利用相应的监测元件得到振动信号波形，并通过小波分析方法进行分析，然后与正常运行时的波形对比来判断开关柜的运行状态。

开关柜在接到分、合闸命令进行分、合时能够快速动作，并产生强烈的振动，通过对这些振动信号的监测可以得到开关柜内部信息，振动信号具有如下几方面的特点：

（1）开关柜的振动信号是一种瞬时非周期非平稳信号，对于这种信号的获取和监测非常困难，因为出现时间极其短暂，必须找到测量精度极高的监测元件才可实现。

（2）由于力的冲击开关柜在进行操作时会产生振动，操作过程中的每个状态都能够从振动信号的暂态波形中找到，这些暂态波形在传播过程中会不断衰减，而且由于开关柜型号和操动机构结构的不同，这些暂态波形也不一样，在进行监测时应具体考虑。

（3）操作开关柜的操动机构产生的振动信号在传递过程中会发生复杂的变化，测量位置以及振源位置的改变对实测的振动信号的真实性有确定的影响。

如上所述，振动信号非常复杂，针对开关柜操作过程中振动信号的特点，可选用加速度传感器获取，此类传感器测量精度很高，完全可以满足振动监测的需求，且安装在开关柜的箱体上，对开关柜本身的正常工作没有任何影响。

（4）基于小波分析的振动监测原理。分析表明，信号中的任何突变必定为奇异的，开关柜在动作时会产生振动信号，而其分、合闸时刻在振动信号中也必定是奇异的。然而在振动监测过程中会受到很多干扰，例如，断路器基座螺丝的松动会造成测得的振动波形变形，拉杆与轴连接的部分卡涩、触头严重烧损等故障也同样会影响到振动波形的真实性。为了克服以上困难，可利用同类型号的开关柜产生的机械振动信号具有相似的特点进行研究，即通过比较同种型号不同开关柜之间的振动信号来判断开关柜可能存在的故障。

开关柜内振动事件发生的时刻与这些突变点是一一对应的，而这些突变点又可通过小波分析的模极大值求得。因此，通过对信号进行小波变换，并对变化后的数据求其模极大值的方法来获得断开关柜动作时刻是非常有效的。

振动信号的处理过程为：① 利用相应的传感器监测得到振动信号；② 对振动信号进行消噪预处理；③ 对预处理后的信号进行希尔伯特变换提取信号包络，并对其进行小波变换；④ 由小波变换各尺度上模极大值得到振动信号的各个奇异点。

在工程应用中，通常将开关柜正常运行情况下断路器分、合时产生的振动信号包络波峰的奇异性指数记录下来，并通过计算得到统计性指标，然后将上述数据存入微机系统中，以便在进行开关柜在线监测时，通过分析比较计算得到的奇异性指数与上述微机系统中已存入的指标，判断开关柜的运行状态以及可能存在的故障隐患。

3.5 开关柜绝缘劣化监测技术

开关柜带电运行时，如果内部绝缘材料损坏或绝缘受潮，在高压电场中部分区域场强分布集中引起电压差，绝缘薄弱区将会发生局部放电，开关柜内部发生局部放电严重影响设备安全可靠运行，在带电条件下对封闭的高压开关柜进行局部放电检测是反映其内部绝缘状态的有效手段。局部放电过程中激发的电磁波信号、声波信号向周围空间传播，检测这些衍生信号可以分析放电类型，确定缺陷的位置，诊断缺陷的严重程度。

通常在开关柜中的设备，其放电过程中出现的损坏可以分成没有击穿的状态、间歇性击穿的状态及完全被击穿的状态这 3 个不同的类型和阶段，局部放电的过程主要包含了没有击穿及间歇性击穿这两种情况。这其中没有击穿的状态主要包括了辉光类型的放电、电晕类型的放电和刷状类型的放电等模式，在此种状态之下电气设备尽管出现了一定程度上的放电情况，不过其综合绝缘水平依旧保持了比较理想的状态，这个时候如果能够迅速地去除放电的源头就能够有效防止相关设备受到更大的损坏。间歇类型的击穿状态一般指火花类型的放电情况，在这个状态之下相关电气设备的绝缘能力已经出现了比较明显的劣化，已经不能再继续进行正常的使用了，这个时候如果能够迅速去除放电的源头并且及时更换出现绝缘问题的相关设备，则能够有效预防事故问题的继续恶化。完全类型的击穿状态通常指的是电弧放电的情况，在此状态之下相关电气设备已经被完全损坏，各项功能指标可以说完全失效，因为电弧的放电情况是一类非常严重的放电情况，相关的设备如果到了此阶段，高压类型的开关柜装置将会存在随时可能发生爆炸的巨大隐患，必须引起高度的重视。

3.5.1 局部放电类型

3.5.1.1 电晕放电

一般情况下，开关柜的内部金属导体，因为打磨过程不完善可能会出现棱角造型、毛刺情况等金属材质的尖端类型的突起情况，金属材质的尖端因为具有比较小的曲率半径，可能会造成周边局部空间中的电场出现畸变情况，导致空气中的游离电子活性增强并且造成局部区域出现放电的情况。PRPD 图谱的主要特征如下。

（1）在工频状态下参考信号中的波形正、负半个周期均存在局部放电类型的情况，不过相关的信号波形表现为不对称的形式，其中负半周期的放电信号的分布相比正半周期信号的分布更为密集，并且负半周期中的放电信号强度数值会略高于正半周期放电信号的强度数值。

（2）放电信号的分布特征表现得比较零散，具有较强的随机特性。

电晕放电原理如图 3-16 所示。

3.5.1.2 悬浮放电情况

如果高压类型开关柜中的高压型电力设备中某个金属材质的零件，因为受到电动力载荷的作用或者是自身主体结构上的其他因素的影响，而与高压部位的连接失效或是接地的效果失效，此时在位于高电压和低电压的电极间，根据耦合之后的阻抗可能出现的分压模式，进而会生成悬浮类型的电位，悬

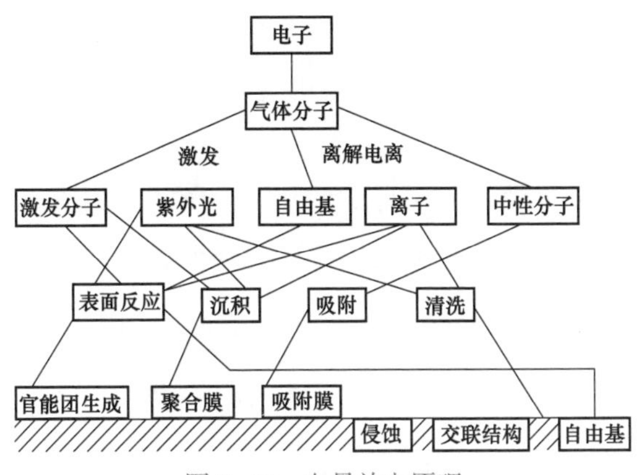

图 3-16　电晕放电原理

浮类型的电位体和高压类型的电极及接地极间，因为存在绝缘用的介质，此时会出现电场的集中现象，周边的区域可能出现局部的放电现象，局部的放电现象将会导致周边的介质被烧毁或者是过度的老化，因此悬浮类型的放电现象会给相关设备的绝缘效果带来严重的威胁。通常来讲，开关柜内部的悬浮类型放电问题具有如下的状况：首先，夹紧母线用的金属夹子和母线之间出现接触不良的情况，造成夹子和母线间生成悬浮类型的放电现象；其次，在穿心类型的电流互感器装置中，等电位的线路存在焊接不牢固的情况，使得其互感器装置的内壁发生脱落现象，造成等电位的线路和互感器装置的内壁间出现悬浮类型的放电现象；最后，工作站使用的变压器装置内部的铁芯部位的接地情况不理想，造成铁芯部件和大地间生成了悬浮类型的放电现象。

3.5.1.3　绝缘沿面放电情况

一般情况下开关柜的内部，其电力系统设备的外部绝缘表面由于污染及受潮等因素的作用，造成绝缘体表面的局部位置出现电场畸变情况，此时可能导致绝缘表面发生放电的现象，这类放电情况再进一步发展将会造成外部绝缘材料发生一定程度的老化，如果情况严重的情况下，甚至会出现沿着绝缘面发生闪络的情况。通常情况下开关柜内部出现沿面类型的放电缺陷主要有如下几类情况：首先，电缆的接头或者避雷器装置的外部绝缘面发生污损或者受潮的情况，造成沿面区域的放电现象；其次，陶瓷材质的材料部位的绝缘子的表面上出现细小尺寸的裂纹，将会导致局部区域的放电现象；最后，互感器装置的二次接线部位接在了主绝缘体的表面之上，此时两者处于一次高压类型的绕组生成的高压电场的区域之中，导致了绝缘体的表面区域在二次接线的连接位置发生了沿面类型的放电现象。

3.5.1.4 气隙放电

气隙放电是固体绝缘介质中较普遍的放电现象。绝缘媒介在制造加工时难免出现材质和加工问题，如掺杂少许空气或杂物等。有内部缺陷的绝缘介质在电流影响下有引起局部击穿或重复性击穿的可能性。

3.5.2 局部放电数值和放电电量之间关系

当前的情况下，开关柜的局部放电现象的检测方法能够测出的局部放电数值和实际情况下的放电电量并没有建立相对严谨的定量联系，仅仅可以实行定性类型的描述。在日常检测与维修的实际操作过程中，现场工作人员通常使用根据比较类型方法的操作模式来实施局部放电水平的研究和分析工作。当变电站处于正常运行状态的时候，开关室内的局部放电数值一般会处于20dB之内，假如局部放电的数值处于20～50dB，就表明系统中可能发生了局部放电数值过大的情况。不过因为某些局部放电过大的状态可能是因为开关柜装置自身所携带的负载数值过大而产生的，为此对这种状态必须实施重点关注和辨别，一般情况下的具体做法为：如果发现此类问题，需要强化定期的检测工作。假如局部放电的数值大于50dB，则表明此时的系统中，此开关室内部存在着放电的情况，此时就应该使用局部放电的定位方法对这个局部放电的具体区域实施定位，待具体位置确定之后立即进行相应的维修和处理。

3.5.3 背景局部放电测试方法

通常在进行局部放电测试的时候，相关工程技术人员为了针对局部放电水平实施有效的评估，必须对开关室内部的空气及金属部位的局部放电数值实施测量。对于空气实施局部放电数值测试的操作方法是在开关室的内部悬空状态设置一小块金属的板材，将局部放电测试用相关仪器的探头以垂直并且紧贴在金属板材相关位置的方式来实施测试工作，通过测试之后，相应开关站内部空气里的局部放电水平数值达到了38dB。对于金属材质局部放电的测试方式是选择开关室内部某个处于接地状态的金属部件，把局部放电测试仪装置的探头以垂直并且紧贴在接地金属部件表面的模式来实施测试操作，通过测试得出此开关室内部的金属材质的局部放电水平数值是 55dB。因为此开关室内部各个位置的局部放电水平数值很可能存在一定差别，因此需要针对多个点位实施空气中的局部放电及金属材质上局部放电现象的测量操作，随后对于多个点位的测量数据选取平均数值之后即得到最终结果。根据相应测量数据的结果可以知道，此开关室内部局部放电背景数值相对偏高，初步可以判定其存在局部放电的状况。

3.5.4 特高频检测法

一般来讲，在开关柜内部，如果出现了局部发生放电的情况，放电的脉冲在开关柜的传送过程中将会引起电磁谐振的现象，此时将会产生特高频率的电磁波信号，并且还会向周边区域进行辐射，开关柜通常情况下配备有利于观察的窗口，此观察用的窗口的材质是防爆类型的钢化玻璃。这种钢化玻璃属于一种透明状态的介质，其和开关柜的金属材质的外壳部分具有不同数值的折射率及反射率特征，因此电磁波能够透过观察窗口向外部的空间进行辐射。特高频率的检测方法就是依据局部位置出现放电现象之后，线路中激发出来的电磁波相关特征，把特高频率的传感器装置设置于开关柜的观察窗口位置，用于接收发散出来的电磁波信号的数据，并且对于此电磁波信号实施分析和研究的一类局部放电模式的测量方法，具体情况如图 3-17 所示。

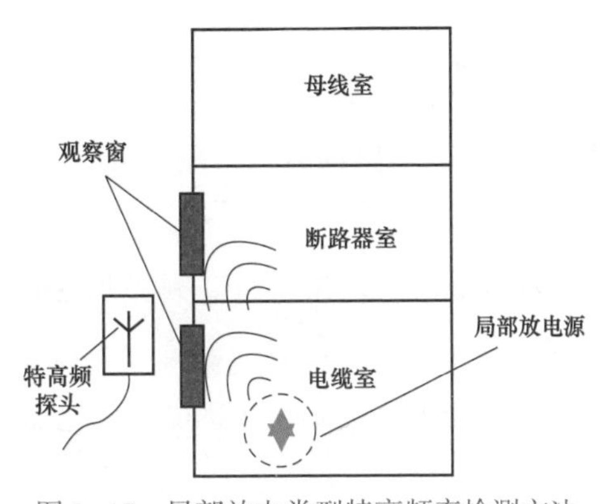

图 3-17　局部放电类型特高频率检测方法

特高频检测法（ultra high frequency，UHF）的基本原理是通过特高频传感器检测电力设备局部放电时产生的特高频电磁波（300～3000Hz）信号，从而获取局部放电的相关信息，以实现局部放电的检测。

图 3-18 为开关柜局部放电特高频法检测原理。从图中可见，该方法主要利用电磁波检测的方法，检测中需要待测设备有电磁波外泄通道，且可以实现非接触式检测。根据电磁波空间传播特点，对开关柜局部放电特高频法技

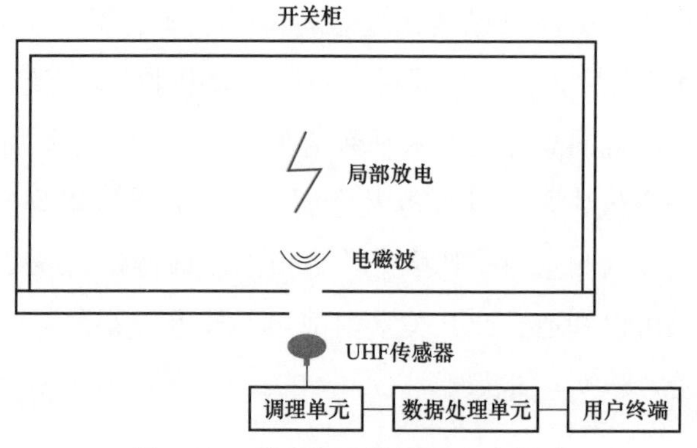

图 3-18　特高频法检测原理示意图

术优缺点分析如下。

（1）技术优点。

1）检测灵敏度高。

2）抗低频电晕干扰能力较强。特高频法的检测频段通常为 300～3000MHz，有效避开了现场电晕等干扰（主要在 200MHz 以下），具有较强的抗干扰能力。

3）可实现局部放电源定位。

4）利于绝缘缺陷类型识别。不同类型绝缘缺陷的局部放电所产生的特高频法信号具有不同的谱图特征，可根据这些特点判断绝缘缺陷类型。

（2）技术缺点。

1）容易受到环境中特高频法电磁干扰的影响。

2）外置式传感器对全金属封闭的电力设备无法实施检测。

3）尚未实现缺陷劣化程度的量化描述。

特高频法由于灵敏度高、抗干扰能力强等优点，在工程上获得广泛的应用，并积累了较为成功的检测经验。目前很多公司均将电力设备的特高频法局部放电检测作为设备状态评估的重要手段。上海交通大学设计了一种新型的多波段全向特高频法传感器，能够很好地检测各种类型的放电信号，满足变电站局部放电检测和定位的要求。重庆大学对特高频法信号能量与放电电容之间数量关系开展了研究。同时，还基于油纸绝缘局部放电模型，研究了特高频法电磁波信号与脉冲电流的对应关系，以及特高频法电磁波信号与传播距离的关系。

3.5.5　暂态对地电压测试法

开关柜内部的局部放电主要包括绝缘沿面放电、气隙放电、尖端放电及金属颗粒放电等。一般而言，在放电过程中，放电脉冲会激发频率高达几吉赫的电磁波。电磁波传输通过金属盒的关节或气体绝缘开关的垫片，并继续传播以及设备的金属盒的外表面，而产生一定的暂态对地电压脉冲信号，即为暂态对地电压。通过在设备的外表面安装专用的电容式传感器，可以检测到暂态对地电压信号，并获得开关柜内部的局部放电。应用地电波检测技术可以采集电气设备局部放电瞬间在设备金属表面相对地产生的持续的纳秒量级的短暂态电流波形信息，利用读数的高低可以确定局部放电的剧烈程度，并可以根据电磁波的衰减特征检测设备的局部放电状态。可以应用电容耦合式检测仪直接检测设备金属表面，记录瞬间电流的输出频率。通过对比电容耦合式检测仪的数值，能够利用均时差法算出局部放电的确切位置。

暂态对地电压测试法本质上属于外部电容法局部放电检测技术，地电压传感器类似于射频耦合电容器，表面覆盖有聚氯乙烯（polyvinyl chloride，PVC）材质，起到对传感器保护支撑的同时起到绝缘作用，信号采用同轴屏蔽电缆引出。测量时，暂态地电压传感器紧贴在开关柜金属柜体外表面，形成由金属柜体、PVC 材料和暂态地电压传感器构成的平板电容器，柜体表面的电荷变化均会利用形成的电容器感应出对应的电荷变化，形成高频感应电流经引出线输入到检测设备内部，并经检测设备主机检测处理模块得到开关柜局部放电的特征量。耦合电容器的电压 - 电流关系为

$$i_{\mathrm{PD}} = C\frac{\mathrm{d}u_{\mathrm{tev}}}{\mathrm{d}t}$$

式中：i_{PD} 为地电压传感器输出的电流信号；u_{tev} 为测点处的暂态地电压信号；C 为用电容量表征的传感器设计参数。

暂态对地电压的检测原理如图 3-19 所示。

由图 3-19 可知，检测中传感器必须紧贴开关柜金属臂，以形成电容结构。根据上述原理对暂态对地电压技术优缺点分析如下。

（1）技术优点。

1）适用性强。暂态对地电压检测技术是一种检测电力设备内部绝缘缺陷的技术，广泛应用于开关柜、环网柜和电缆分支箱等配电设备的内部绝缘缺

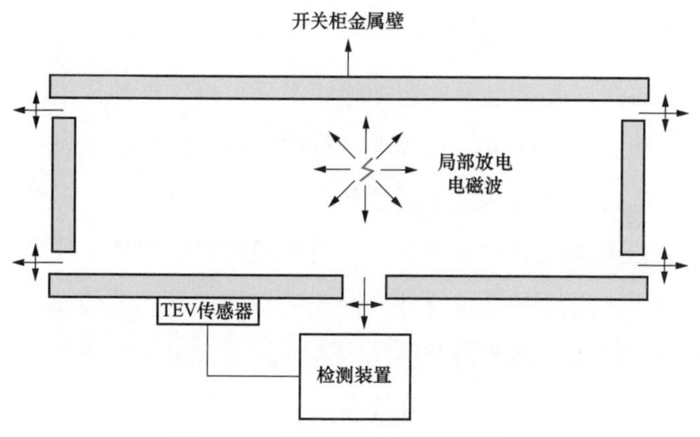

图 3-19　暂态对地电压检测原理

陷检测。

2）操作简单。该方法技术原理简单，仪器使用方便。

3）该方法对尖端放电、电晕放电和绝缘子内部放电比较敏感，检测效果较好。

（2）技术缺点。

1）检测条件受限，该方法不适用于金属外壳完全密封的电力设备。

2）该方法对沿面放电、绝缘子表面放电不敏感。

3.5.6　超声波局部放电测试法

电力设备局部放电是一个能量瞬时爆发的过程。空气间隙发生放电时，电能瞬时转化为热能并导致放电中心气体的膨胀，从而产生声波，就是早期的声源。随着声波传播，传播区域内的气体被加热，形成一个等温区，其温度高于环境温度。当等温区气体冷却时，气体收缩产生较低频率和强度的后续波，其可以是可闻声波或超声波。场地干扰噪声的频率多为 20～20000Hz，而超声检测技术的检测频段为 10～100000Hz，应用超声检测技术能够避免场地噪声的影响，接受局部放电的超声信息。实验证明超声波检测技术的低频段检测精度高，甚至高于同频段的电检测技术。超声波局部放电测试法（acoustic emission，AE）通过在设备腔体外壁上安装接触式超声波传感器或采用开放式超声波传感器来测量局部放电信号。超声检测原理图如图 3-20 所示。该方法的特点是传感器与电气设备的电路无连接，不受现场电磁环境干扰，但在现场使用时容易受到环境噪声或设备的机械振动的影响。

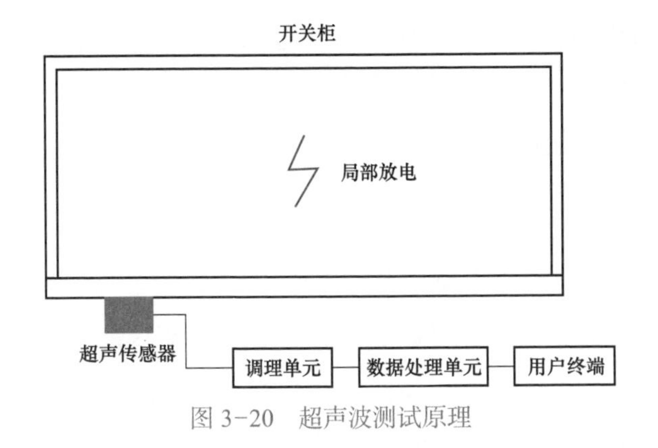

图 3-20　超声波测试原理

超声波检测技术是较早期应用的局部放电检测技术，属于无侵入型的检测技术，在特高频检测技术出现以前，超声波检测技术一直是电力设备中重要的局部放电检测技术，其可以对变压器系统、开关柜进行检测，是实现设备局部放电源精确定位的重要基础。超声波检测技术最突出的优势在于无强烈的电磁干扰，可以非常细致地分析超声波信号中的局部或电池内放电小波的频域特征，检测敏感性和抗干扰能力都很强。

由于超声波检测的是机械波，相比于暂态对地电压技术，无需待测设备有信号外泄缺口，能较好适用于全封闭金属外壳的设备内部放电的检测。依据超声信号特点，对超声波局部放电检测技术的优缺点分析如下。

（1）技术优点。

1）抗电磁干扰能力强。超声波检测技术是非电检测方法，抗电磁干扰能力强。

2）可对放电源进行定位。超声波信号在传播过程中具有很强的方向性，能量集中，因此在检测过程中易于得到定向而集中的波束，从而方便进行定位。

3）超声波检测技术检测效率高。对于开关柜类设备而言，由于其体积较小，利用超声波可对开关室、开闭站等进行快速的巡检，具有较高的检测效率。

4）对沿面放电、电晕放电、尖端放电和绝缘子表面放电比较敏感，检测效果较好。

（2）技术缺点。

1）受机械振动干扰较大，在机械振动较多场合，易造成误判。

2）检测范围小。因超声波在介质中衰减较快，故传感器必须靠近放电源以实现有效检测。

3）对绝缘内部放电不敏感。

3.5.7 高频脉冲电流测试法

在开关柜内的绝缘隔离材质发生局部放电时，会形成空气电荷，因此会形成一定的脉冲电流信号，可以应用脉冲电流检测技术检测脉冲电流信号。局部放电电流可以在等效的电容器上形成瞬间脉动电压，在电容器两端会出现电压波动，通过电容器的互相耦合作用，可以在检测设备中同样形成脉冲电压，通过该电压可以得到放电电流的相位、充放电时间等与局部放电电流有关的数据。

开关柜局部放电产生一定数量的电荷，使试样两端形成视在放电电荷，该视在放电电荷通过局部放电测试回路形成脉冲电流，通过匹配的检测阻抗就可采集到一个脉冲电压信号，脉冲电压信号的大小在固定的测试回路参数条件下正比于试样的视在放电电荷。脉冲电流法局部放电检测原理如图 3-21 所示。

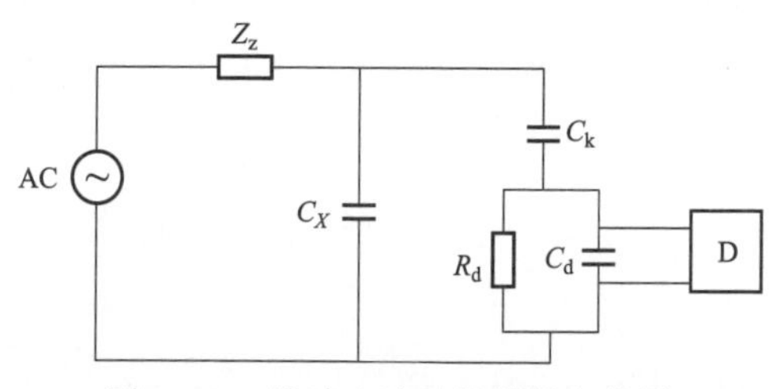

图 3-21　脉冲电流法局部放电检测

脉冲电流法局部放电检测在交流电源的作用下，试品 Cx 由于内部缺陷产生局部放电，形成的脉冲电流经耦合电容 C_k 在由 R_d 和 C_d 组成的检测阻抗两端形成一个瞬时的电压变量 ΔU，该脉冲电压进入局部放电测量仪器 D 进行处理和分析。其中的测量阻抗是一个四端网络的元件，可以是电阻或电感的单一元件，也可以是电容电阻并联或电阻电感并联的 RC 和 RL 电路，图中检测阻抗用电阻、电感并联表示，检测频带的特性与局部放电测试仪的工作频率相匹配。图 3-22 中脉冲电流法检测回路将脉冲电流利用检测阻抗转化为脉冲电压信号进入局部放电仪器，采用高频线圈可获取对应回路的高频电流信号，通过选择对应的耦合电容，可实现对应的局部放电检测。以往的方法采用电缆部位提前安装高频电流传感器，该方法利用电缆本体电容形成耦合作用，但不适用于现场检测。本文基于开关柜带电检测显示器结构，设计对应的微型高频电流传感器，可满足现有开关柜现场检测需求，其检测原理如图 3-22 所示。

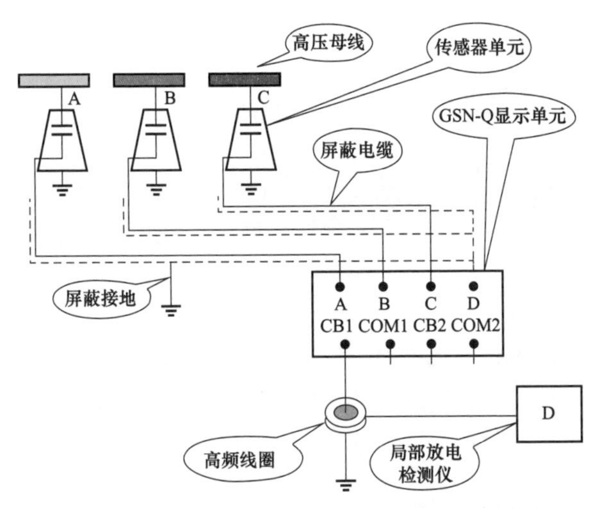

图 3-22　开关柜高频脉冲电流法局部放电检测原理

图 3-22 中开关柜内高压母线采用在母线绝缘子尾部通过屏蔽电缆引至显示单元，则支柱绝缘子本身具有一定的电容量，且直接与开关柜高压母线电气联系，相当于传感器单元耦合电容，如发生局部放电信号，其高频信号则通过该回路传输至显示单元端子，图中仅用 A 相表示，设计的穿心式高频电流传感器（HFCT）把回路的信号转化并传至局部放电测试仪 D。

脉冲电流检测技术对电压变化非常灵敏，且能够利用给定的电荷量脉冲校正定量来计算放电能量。脉冲电流检测技术的缺点是受现场影响很大，检测数据的误差较大，这对脉冲电流检测技术的检测范围造成了影响。而且脉冲电流检测技术的间隔时间较长、信号带宽较窄、可以储存的信息较少。

4 开关柜典型故障案例分析

4.1 开关柜的发热案例

【案例】某 110kV 变电站 10kV 开关柜手车触头故障分析

1. 案例经过

2019 年 7 月，电气试验人员对某 110kV 变电站内 10kV 开关柜进行局部放电带电检测，在 10kV 2 号变电站 521 开关柜发现异常放电信号；2019 年 8 月 2 日，电气试验人员对 10kV 2 号变电站 521 开关柜进行复测，并进行局部放电源定位，综合判断异常局部放电为悬浮放电，放电信号源疑似位于变电站隔断内手车触头部位。

2. 检测分析

（1）暂态地电压检测。2019 年 8 月 2 日，电气试验人员对 10kV 2 号变电站 521 开关柜进行暂态地电压检测，其结果如表 4-1 所示，金属背景 1 约为 14dB、金属背景 2 约为 17dB；521 开关柜最大值为 36dB，邻近间隔最大值为 29dB；根据规程规定，检测值与金属背景值或邻近间隔相对值大于等于 20dB 为异常，现场检测暂态地电压异常。

表 4-1 暂态地电压检测结果

测点位置	前上（dB）	前中（dB）	前下（dB）	后上（dB）	后中（dB）	后下（dB）
检测值	30	36	31	29	34	31
金属背景 1：14dB；金属背景 2：17dB；						
邻近间隔：左 23dB、19dB、17dB；右 27dB、23dB、29dB						

现场典型图谱如图 4-1 所示，脉冲信号集中两簇，呈现悬浮放电特征。

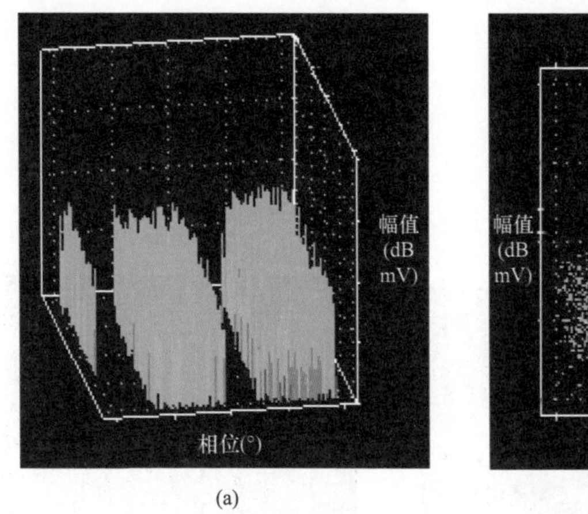

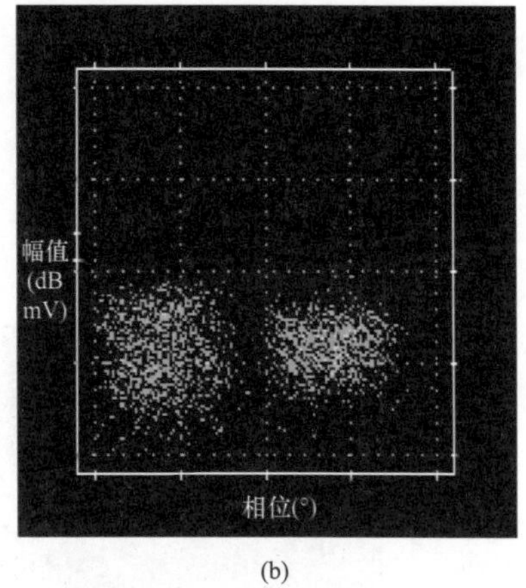

(a)　　(b)

图 4-1　暂态地电压现场典型图谱

（a）暂态地电压三维图谱；（b）暂态地电压相位图谱

（2）超声波检测。采用 EA 开关柜超声波地电波局部放电检测仪对 521 开关柜的前后柜进行超声波检测，测点及检测数据如图 4-2 所示。由数据可知，柜下部靠近所变隔断的超声波幅值最大且持续，应与放电源较近。

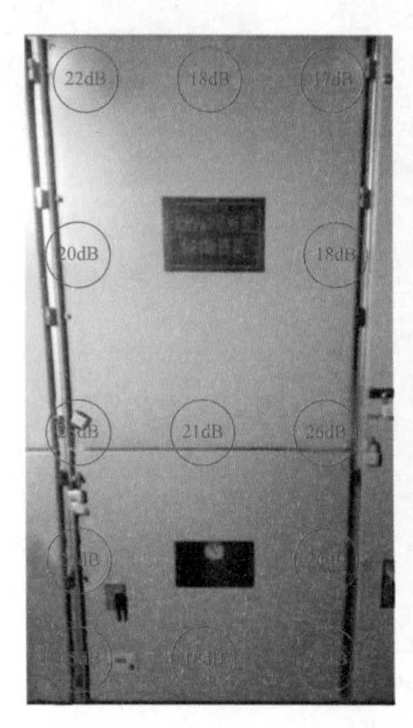

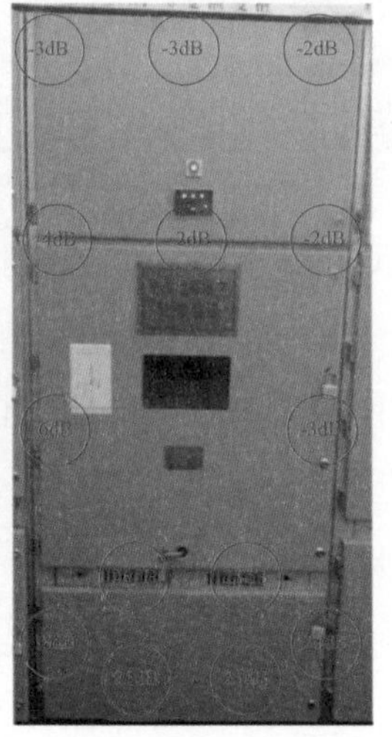

图 4-2　超声波测点及检测数据

3. 特高频检测

采用莫克 EC 4000P 局部放电检测仪对 521 开关柜进行特高频检测，检测位置为柜底部的观察窗，检测数据如表 4-2 所示。与邻近间隔相比，521 开关柜的特高频图谱显示有两簇明显的连续放电脉冲，疑似为柜内隔断内的悬浮放电。

表 4-2　　　　　　　　　　特高频检测结果

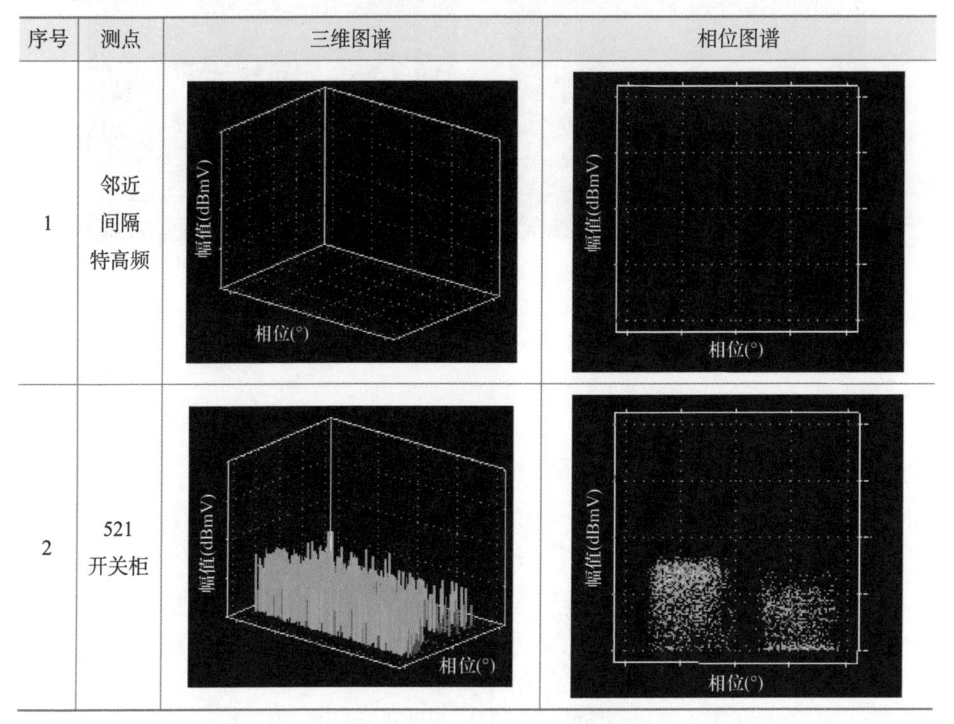

序号	测点	三维图谱	相位图谱
1	邻近间隔特高频		
2	521开关柜		

采用 PDS-G1500 对 521 断路器进行特高频放电源精确定位。其波形图如图 4-3 所示，两个定位传感器所测局部放电为同一放电源，1 个工频周期（20ms）内出现两簇放电脉冲信号，工频相关性强，信号具有悬浮放电特征。

（1）横向定位。横向定位情况 1 如图 4-3 所示，可以看出黄色传感器接收局部放电信号较蓝色传感器早 0.8ns，即放电源与黄色传感器的距离比蓝色传感器的近 24cm。

（2）纵向定位。第一次特高频纵向定位情况如图 4-4 所示，可以看出黄色传感器接受局部放电信号较蓝色传感器早 1.75ns，即放电源与黄色传感器的距离比蓝色传感器的近 52.5cm。

第二次特高频纵向定位情况如图 4-5 所示，可以看出黄色传感器接受局部放电信号较蓝色传感器早 3.20ns，即放电源与黄色传感器的距离比蓝色传感器的近 96.0cm。

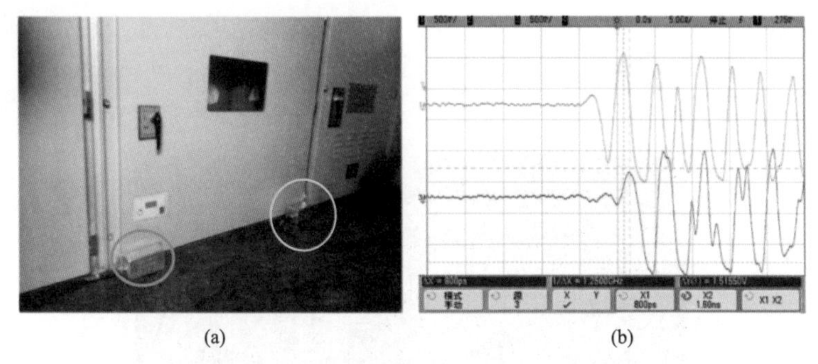

(a) (b)

图 4-3　特高频传感器横向定位情况

（a）特高频传感器横向定位摆放位置；（b）特高频传感器横向定位波形图

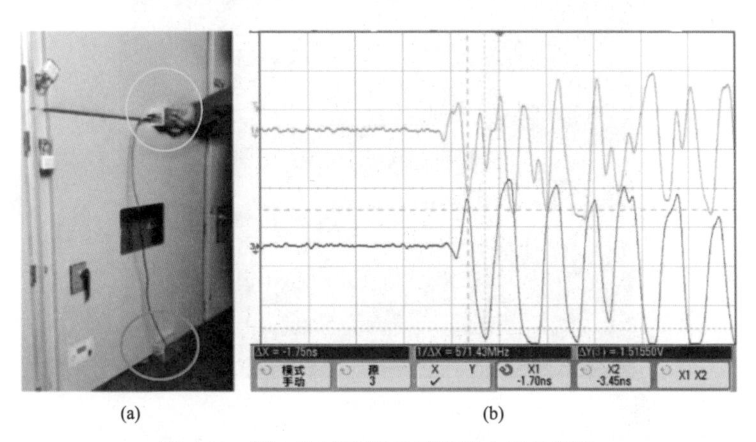

(a) (b)

图 4-4　第一次特高频传感器纵向定位情况

（a）第一次特高频传感器纵向定位摆放位置；（b）第一次特高频传感器纵向定位波形图

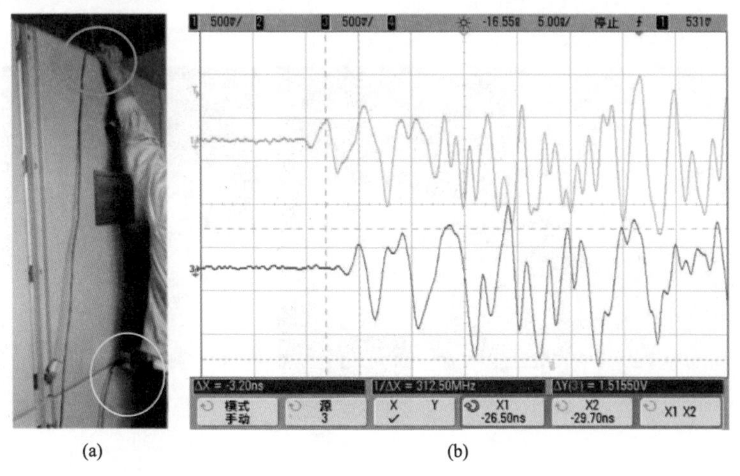

(a) (b)

图 4-5　第二次特高频传感器纵向定位情况

（a）第二次特高频传感器纵向定位摆放位置；（b）第二次特高频传感器纵向定位波形图

（3）综合定位。根据各检测方法及特高频定位结果，疑似放电源为手车上下触头位置处（见图 4-6 中红色标注），需停电进行进一步检查。

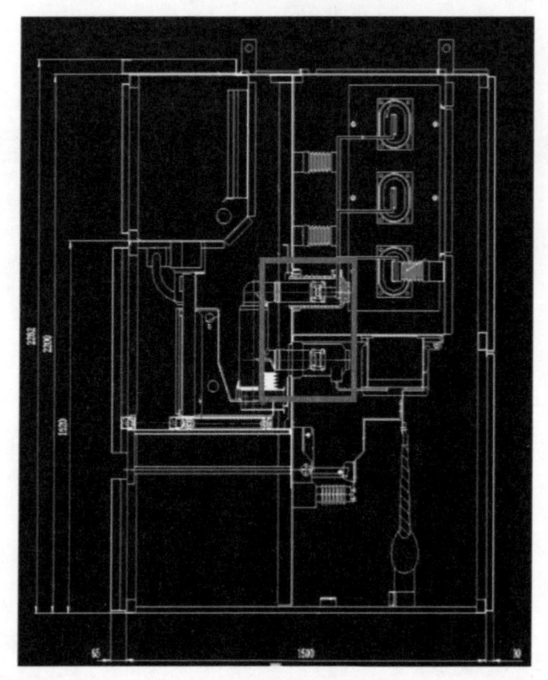

图 4-6　特高频综合定位

4. 隐患处理情况

如图 4-7 所示，所有的紧固件接触可靠，无问题；穿管内未安装等电位线。

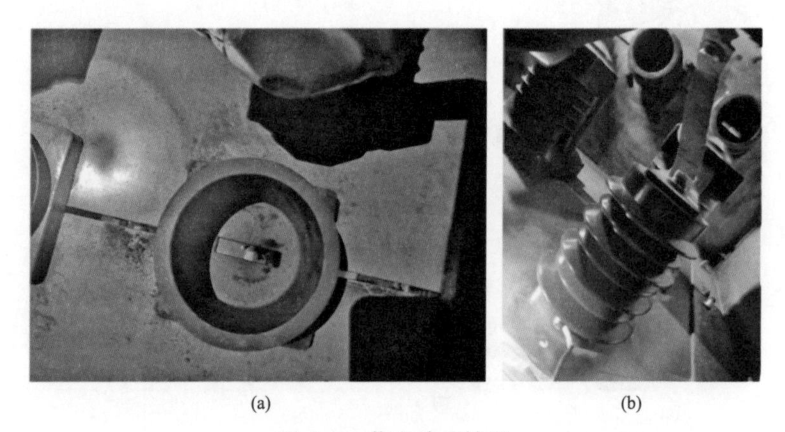

(a)　　(b)

图 4-7　停电检查结果

（a）紧固件；（b）A 相静触头

首先发现A相触头静触头有松动，并进行了紧固；其次实验人员清理了灰尘、杂质等一遍；处理之后实验人员再次测试TEV和超声波，发现结果和之前一样，仍是手车上下触头位置的信号最强；短路之后对所有绝缘件进行了检查试验，实验通过、外观损坏不严重的继续使用了，不合格的进行了更换。

4.2 开关柜穿墙套管放电案例

【案例1】开关柜内部穿墙套管故障分析

1. 故障简介

35kV 303开关设备型号为KYN-40.5，2015年5月出厂，2016年1月正式投运。

2016年1月26日，电气试验人员对该35kV变电站35kV高压室内的开关柜进行例行带电检测工作时，发现该变电站35kV开关柜内部存在明显放电，且臭氧浓度较高，根据工作经验，判断35kV 2号站用变压器303开关柜内部穿墙套管等电位线接触不良，导致发生放电。

电气试验人员使用局部放电检测仪对2号站用变压器303开关柜进行特高频局部放电、超声波局部放电、暂态地电压的局部放电检测，并采用特高频局部放电与超声波局部放电定位法对放电信号源进行了定位，定位结果为35kV 2号站用变压器303开关柜内部穿墙套管处存在局部放电。

2. 检测分析

（1）特高频局部放电检测。工作人员使用局部放电检测仪进行一次检测，检测现场及异常信号位置如图4-8所示。

将特高频检测图谱与典型放电图谱对比分析，判断在35kV 2号站用变压器303开关柜存在明显的异常放电信号。

为了准确检查内部放电位置，使用局部放电检测与定位系统对303开关柜异常特高频信号进行二次定位，并追踪信号的来源。相应的检测图谱如图4-9所示。

通过图4-9特高频局部放电检测图谱可以观察到每个工频周期内特高频信号出现两簇脉冲，波形与手持式设备测试结果一致，工频周期内信号以两簇脉冲为主，特高频信号最大幅值达到534mV。

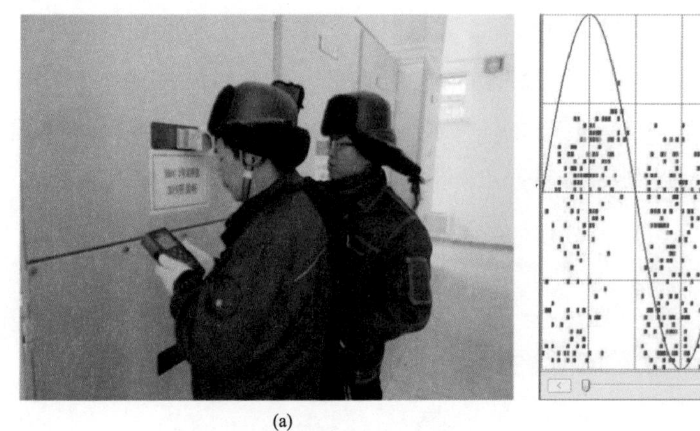

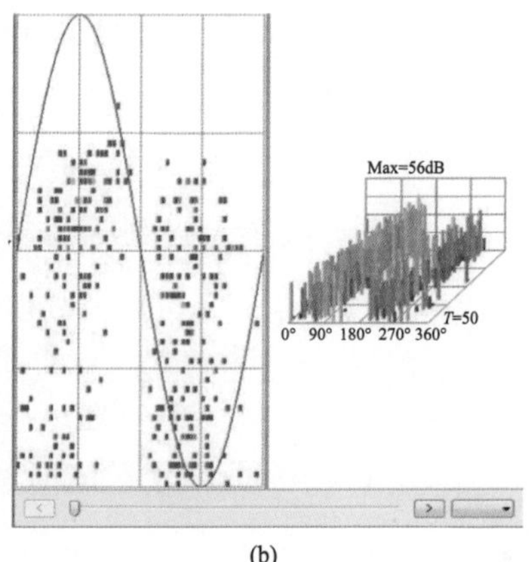

(a)　(b)

图 4-8　2 号站用变压器 303 开关柜检测位置及图谱

（a）检测位置；（b）检测图谱

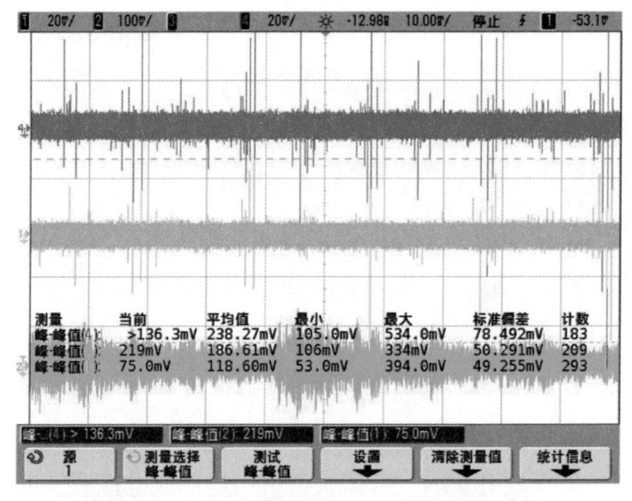

图 4-9　2 号站用变压器 303 开关柜异常信号

1）放电源横向判定。将红色及黄色特高频传感器放置在 2 号站用变压器 303 开关柜后柜，传感器布置方式以及检测图谱如图 4-10 所示。

通过检测图谱分析可知红色传感器波形与黄色传感器波形的起始沿基本一致，信号到达两传感器的时间基本一致，说明放电源位于图 4-10 所示红黄传感器之间平分面上。

2）放电源纵向判定。将红色及黄色特高频传感器放置在开关柜后柜，传感器位置与局部放电检测图谱如图 4-11 所示。

通过特高频检测图谱可知红色传感器波形与黄色传感器波形的起始沿基

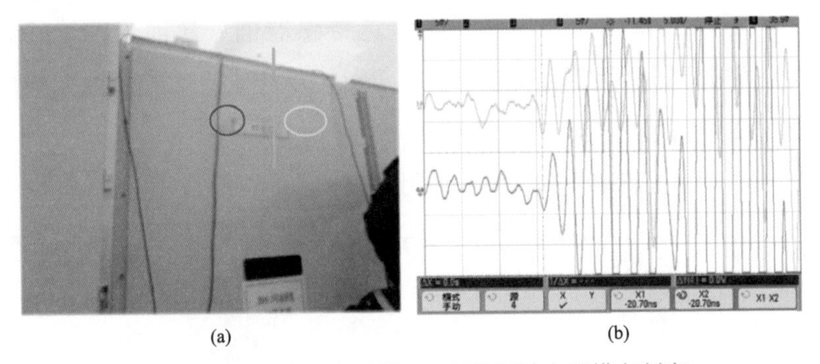

图 4-10　2 号站用变压器 303 开关柜放电源横向判定

（a）303 开关柜特高频传感器横向定位摆放位置；（b）303 开关柜特高频传感器横向定位波形图

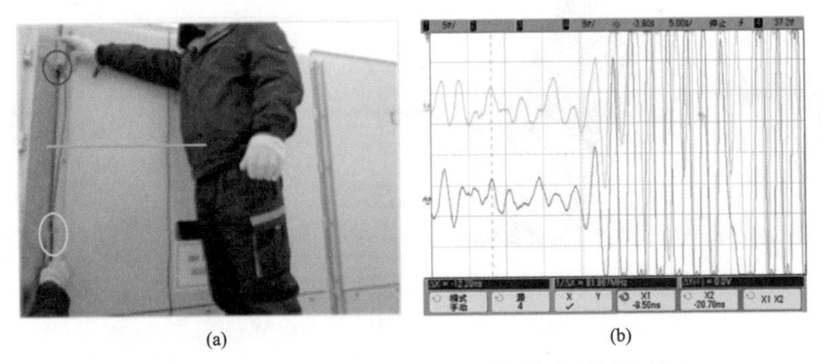

图 4-11　2 号站用变压器 303 开关柜放电源纵向判定

（a）303 开关柜特高频传感器纵向定位摆放位置；（b）303 开关柜特高频传感器纵向定位波形图

本一致，信号到达两传感器的时间基本一致，说明放电源位于图 4-11 红黄传感器之间平分面上。

3）放电源深度判定。将红色传感器、黄色传感器放置在开关柜前后柜等高位置，传感器位置与局部放电检测图谱如图 4-12 所示。

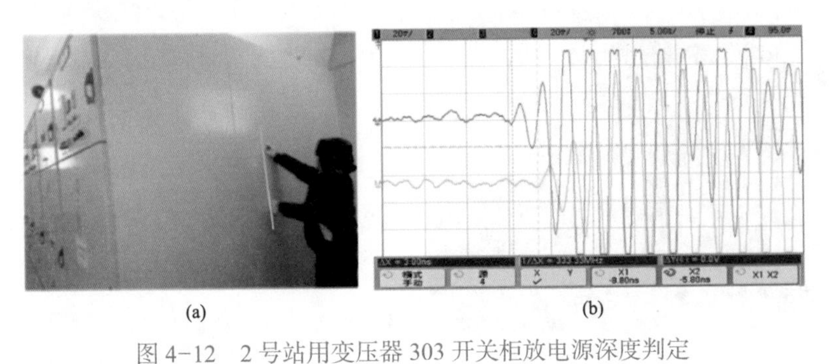

图 4-12　2 号站用变压器 303 开关柜放电源深度判定

（a）303 开关柜放电源深度判定传感器摆放位置；（b）303 开关柜放电源深度判定波形图

图 4-12 中的特高频检测图谱中红色传感器信号超前黄色传感器信号 3ns，可知放电源深度距离前柜门约 1.4m 处。综上分析，初步断定放电源发生在 35kV 2 号站用变压器 303 开关柜母线室。

（2）超声波局部放电检测。使用 PDS-T90 局部放电检测仪检测，在 35kV 2 号站用变压器 303 开关柜母线室发现异常超声波信号，定位位置与特高频定位位置相符，如图 4-13 所示。

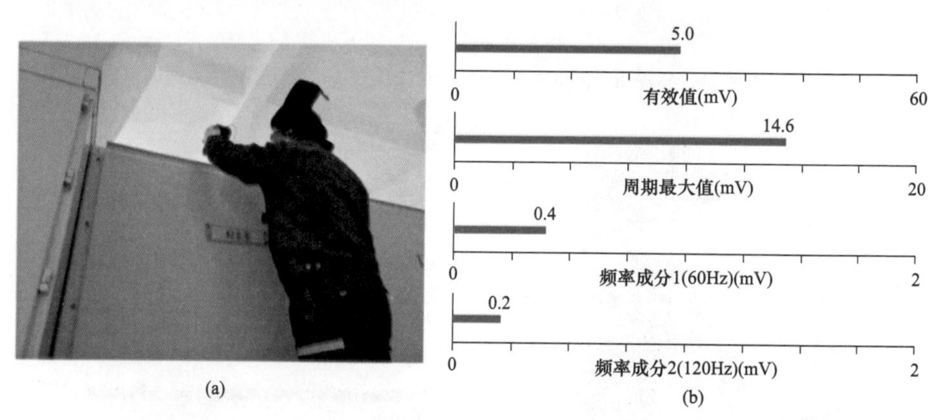

图 4-13　2 号站用变压器 303 开关柜超声波局部放电检测

（a）303 开关柜超声波局部放电检测传感器位置；（b）超声波局部放电检测图谱

鉴于以上带电检测结果，判断 2 号站用变压器 303 开关柜母线室存在异常放电信号。因放电量较大，对部件烧蚀能力强，可能造成较严重后果，从而对其进行解体检查。

3. 隐患处理情况

2016 年 3 月 15 日解体检查后，发现 35kV 2 号站用变压器 303 开关柜与某线路 312 开关柜母线穿墙套管 C 相均压线脱落（见图 4-14），均压线上有明显烧伤痕迹（见图 4-15），内壁上布满放电粉尘（见图 4-16）。35kV 2 号站用变压器 303 开关柜与该线路 312 开关柜母线穿墙套管 B 相均压线与套管内壁接触部分，有明显放电粉尘。

图 4-14　C 相套管均压线脱落

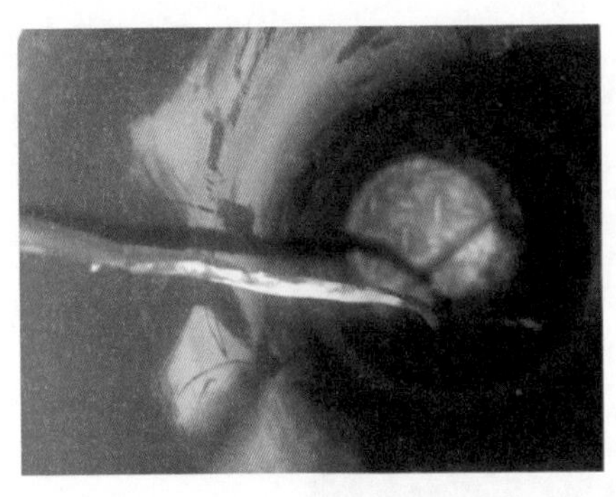

图 4-15　C 相套管均压线上有烧伤痕迹

图 4-16　C 相套管均压线内壁布满粉尘

在发现开关柜内部放电源位置后，运维单位对故障相进行工频运行耐压、局部放电试验，分相加 20kV 试验电压进行试验，故障相运行电压下试验结果与解体前测试到的局部放电信号相符（见图 4-17 和图 4-18）。

图 4-17　C 相套管均压线脱落

图 4-18　C 相套管运行电压下紫外放电谱图

【案例 2】开关柜内连接的屏蔽线松动故障分析

1. 故障简介

2016 年 3 月 24 日，试验人员在对某 110kV 变电站进行特高频局部放电测试时，发现在母联 500 断路器开关柜与 500-1 隔离开关柜体之穿箱套管处存在局部放电典型绝缘放电图谱，超声波局部放电数据明显异常，通过传感器可听到明显“嘶嘶”声响，并伴有放电火花，故障部位如图 4-19 所示。在经过反复定位检测，确定该处存在较严重的局部放电现象。

试验人员于 2016 年 4 月 15 日进行停电检修，将穿箱套管与母线连接的屏蔽线紧固送电后，局部放电信号消失。

图 4-19　发现局部放电异常信号设备图

2. 检测分析

（1）超声测试数据分析。

使用 PDS-T90 的超声波模式对 10kV 母联 500-1 开关柜进行超声波信号普测，具体的数据及图谱如图 4-20 所示。

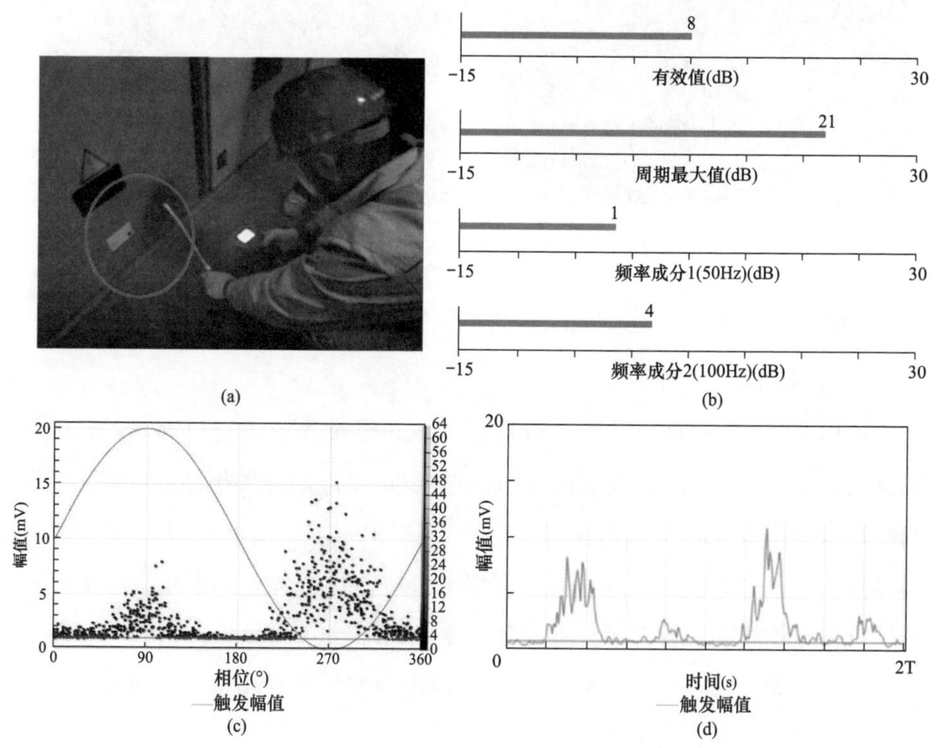

图 4-20　现场超声最大点及超声幅值图谱、周期图谱、波形图谱

（a）传感器位置；（b）超声幅值图谱；（c）超声周期图谱；（d）超声波形图谱

由图 4-20 可知，超声测试幅值最大为 21dB，在负半周期分布较宽，频率成分 1 为 1dB，频率成分 2 为 4dB，频率成分 2 略大于频率成分 1，且通过超声波传感器可以听到明显“嘶嘶”声响。从波形图谱和周期图谱可知，一个工频周期出现两簇脉冲，相位宽度大，具有尖端和悬浮电位共同作用的放电特征。

（2）特高频测试结果分析。使用 PDS-T90 的特高频模式 10kV 母联 500 开关柜进行特高频信号普测，具体数据及图谱如图 4-21 所示。

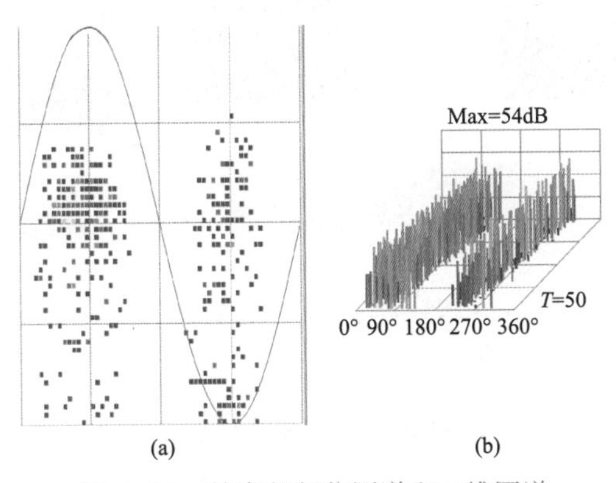

图 4-21　特高频相位图谱和三维图谱

（a）相位图谱；（b）三维图谱

由图 4-21 可知，10kV 母联隔离开关柜体存在异常特高频信号，最大幅值为 54dB，正半周期有一根较强脉冲信号，并伴随些许较弱的信号，负半周期出现一簇脉冲信号且多数信号间隔相等，宽度较宽。初步判定为尖端和悬浮电位放电，并伴随有少量绝缘放电现象。

3. 隐患处理情况

试验人员于 2016 年 4 月 15 日对此穿箱套管进行停电检修，检修过程中发现 B 相穿箱套管屏蔽线从母线排上脱落（固定螺丝掉落），如图 4-22 所示。

检修人员打磨 B 相母线排与穿箱套管接触面、恢复母线排与屏蔽线固定螺丝，检查 A、C 相屏蔽线接触情况，紧固 A、B、C 三相穿箱套管固定螺栓并擦拭灰尘（见图 4-23）。套管投运后进行局部放电带电测试，无局部放电信号。

从局部放电带电检测数据上来看，该穿箱套管异常图谱具备尖端放电、

(a)

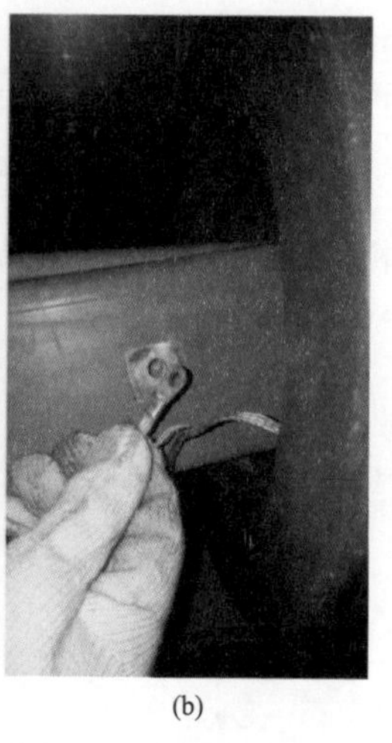

(b)

图 4-22　有异常放电声响的 B 相穿箱套管

（a）屏蔽线与母线排固定螺丝脱落；（b）屏蔽线脱落

图 4-23　B 相穿箱套管恢复母线排与屏蔽线固定螺丝

悬浮电位放电和绝缘放电共同作用的特征。在检修过程中发现该组穿墙套管屏蔽线与母线排固定螺丝脱落，导致套管屏蔽层电位悬浮，引起悬浮电位放电；由屏蔽层引出的脱落屏蔽线处产生尖端放电，通过超声波传感器可听到"嘶嘶"声响，并伴有放电火花；同时由于母线排整体绝缘处理，脱落的屏蔽线与母线绝缘层性接触处会引发绝缘放电。从检修情况来看也验证了局部放电带电检测数据的准确性。

【案例 3】开关柜内部等电位线脱落故障分析

1. 故障简介

2016 年 8 月 15 日，电气试验班对某 110kV 变电站 35kV 开关柜展开超声波（AE）、特高频（UHF）、暂态地电压（TEV）局部放电联合检测，检测过程中发现 2 号主变压器 302 开关柜内存在异常放电信号，经过初步诊断定性为电晕放电，通过幅值大小判断放电位置位于后柜门中间部位。现场申请停电检查，发现为开关柜穿墙套管内部等电位线脱落，电气试验班及时进行了消缺，保证了设备的安全运行。

2. 检测分析

（1）超声波检测。对 35kV 开关柜进行超声波检测，发现 302 开关柜后柜门处存在异常信号，检测数据如表 4-3 所示。

表 4-3　　　　超声波检测数据

<table>
<tr><td>变电站</td><td>某 110kV 变电站</td><td colspan="3">试验类别</td><td colspan="2">例行</td></tr>
<tr><td>试验日期</td><td>2016.08.15</td><td colspan="3">测试环境暂态地电压（dB）</td><td colspan="2">3</td></tr>
<tr><td>环境温度（℃）</td><td>30</td><td colspan="3">环境湿度</td><td colspan="2">30%</td></tr>
<tr><td rowspan="2">运行编号</td><td rowspan="2">前柜门暂态地电压幅值（dB）</td><td colspan="2">后柜门暂态地电压幅值（dB）</td><td rowspan="2">前柜门超声波幅值（dB）</td><td colspan="2">后柜门超声波幅值（dB）</td></tr>
<tr><td>上</td><td>下</td><td>下</td><td>上</td></tr>
<tr><td>302</td><td>3</td><td>10</td><td>10</td><td>−6</td><td>10</td><td>23</td></tr>
<tr><td>300A−2</td><td>1</td><td>9</td><td>7</td><td>−6</td><td>−6</td><td>−6</td></tr>
<tr><td>备用线 322</td><td>1</td><td>7</td><td>7</td><td>−6</td><td>−6</td><td>−6</td></tr>
<tr><td>备用线 321</td><td>1</td><td>6</td><td>6</td><td>−7</td><td>−6</td><td>−6</td></tr>
<tr><td>300</td><td>2</td><td>5</td><td>5</td><td>−7</td><td>−6</td><td>−6</td></tr>
<tr><td>300−1</td><td>3</td><td>4</td><td>3</td><td>−7</td><td>−6</td><td>−6</td></tr>
<tr><td>301</td><td>1</td><td>3</td><td>2</td><td>−7</td><td>−7</td><td>−7</td></tr>
<tr><td>备用线 312</td><td>1</td><td>2</td><td>2</td><td>−7</td><td>−7</td><td>−7</td></tr>
<tr><td>备用线 311</td><td>1</td><td>3</td><td>3</td><td>−7</td><td>−7</td><td>−7</td></tr>
</table>

从表 4-3 数据可明显看到 302 后上柜超声波信号明显偏大，为确保数据的准确性，试验人员又使用 XD5352 超高频超声波局部放电检测仪进行了测试，发现在连续模式下，50Hz 相关性大于 100Hz 相关性，为典型电晕放电类型，且检测时用耳机可以清晰听到放电声响，通过幅值比较发现中间部位放电信号最为强烈（见图 4-24），因此将放电部位定位为后柜中间位置。

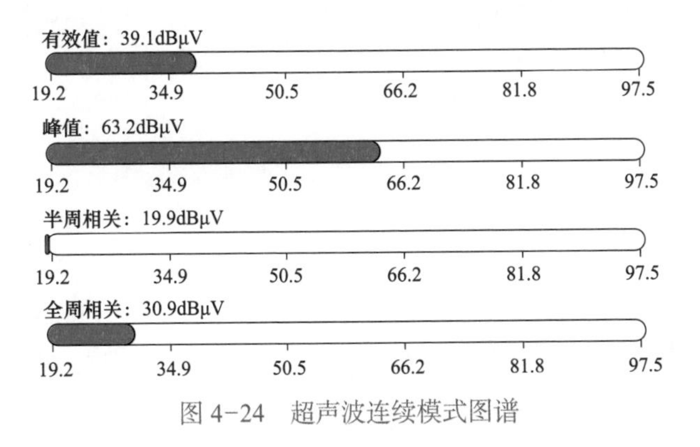

图 4-24　超声波连续模式图谱

（2）暂态地电压检测。通过暂态地电压检测，暂态地电压金属背景值为3dB，整个开关柜暂态地电压幅值为1～10dB，暂态地电压检测未发现异常。

（3）特高频检测。使用XD5352超高频超声波局部放电检测仪对302开关柜进行特高频检测，在后柜门中间部位检测到异常特高频信号，信号幅值为67.8dB，特高频信号工频相关性强，极性效应明显，每个工频周期有一簇脉冲信号，信号幅值分散性小，时间间隔均匀，并且集中在正半周，判断为电晕放电，并且放电位于壳体部位。其三维图谱和相位图谱如图4-25和图4-26所示。

（4）综合分析。根据检测数据可以得出，302开关柜存在异常放电现象，

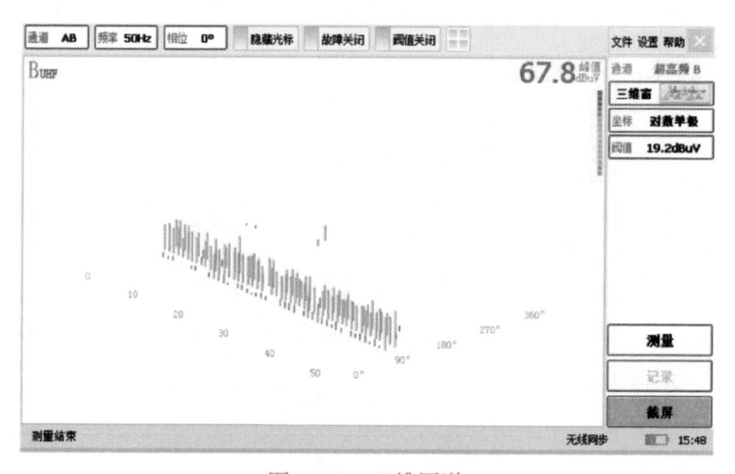

图4-25　三维图谱

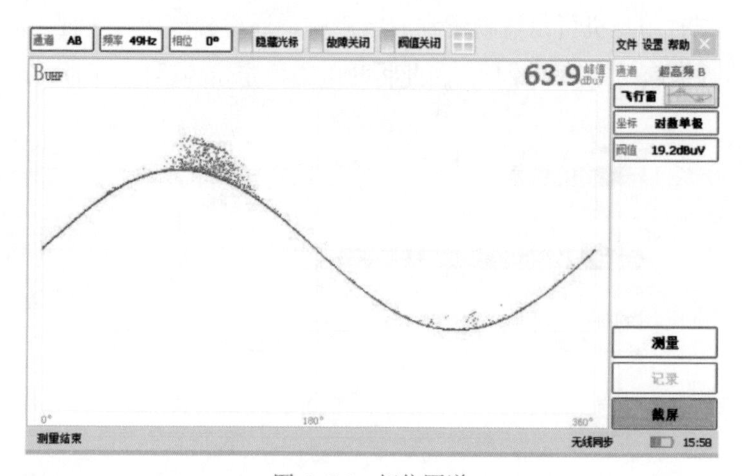

图4-26　相位图谱

放电幅值较大，放电类型为电晕放电，放电部位为后柜中间部位。由于放电幅值较大，需立即停电消除缺陷。

3. 隐患处理情况

对 302 开关柜进行停电检查，停电后，试验人员打开开关柜后柜门，能够闻到明显的臭氧味道，经过仔细检查，发现柜内穿墙套管等电位线脱落，脱落端为等电位线与套管连接处，并且内部存在大量金属粉末、放电痕迹（见图 4-27）。

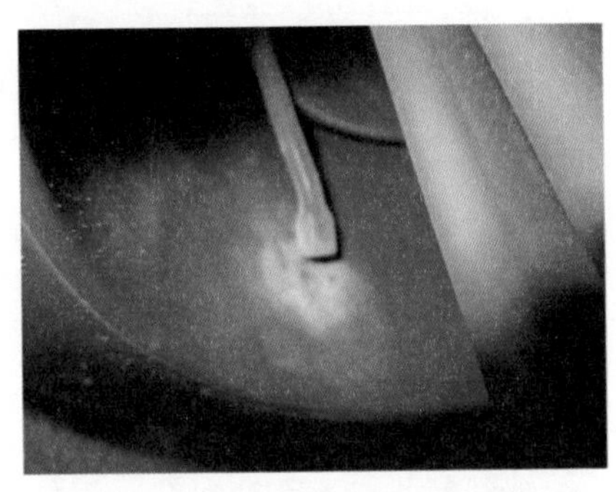

图 4-27 开关柜内穿墙套管等电位线脱落

缺陷消除后，试验人员再次对 302 开关柜施加运行电压并进行测试，局部放电异常信号消失，设备恢复正常。

【案例 4】开关柜内套管等电位线故障分析

1. 故障简介

2018 年 7 月 3 日，对某 110kV 变电站 35kV 开关柜进行投运前局部放电检测，发现母联 300-2 开关柜特高频幅值为 62dB，一个工频周期出现两簇明显脉冲信号，幅值较分散，超声波的最大幅值 14dB，且 50Hz 频率成分小于 100Hz 频率成分，暂态地电压正常，初步判断可能存在绝缘放电。

2. 检测分析

检测结果如表 4-4 和表 4-5 所示。

表 4-4 暂态地电压测试结果分析

测试时间	开关柜编号	前中幅值（dB）	前下幅值（dB）	后上幅值（dB）	后中幅值（dB）	后下幅值（dB）	侧上幅值（dB）	侧中幅值（dB）	测下幅值（dB）	负荷 A
2018 年 7 月 3 日	35kV 300-2 开关柜	15	14	14	15	14	/	/	/	/
金属背景值		7dB/8dB								
特征分析		/								
检测结论		开关柜暂态地电压并未超出背景值 20dB，可判断开关柜的暂态地电压检测正常								

表 4-5　　超声波、特高频测试结果分析

<table>
<tr><th rowspan="2">测试
时间</th><th rowspan="2">检测
位置</th><th colspan="2">图谱文件</th><th rowspan="2">备注</th></tr>
<tr><th>超声波检测结果</th><th>特高频检测结果</th></tr>
<tr><td>2018 年
7 月 3 日</td><td>背景</td><td> 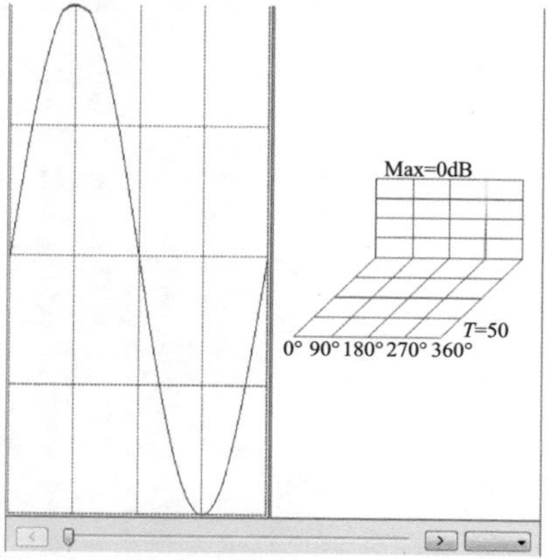Max=0dB
0° 90° 180° 270° 360°
T=50</td><td> 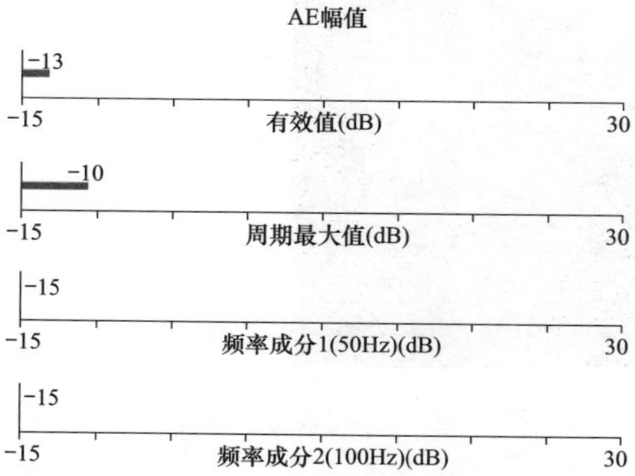AE幅值
−13
−15 有效值(dB) 30
−10
−15 周期最大值(dB) 30
−15
−15 频率成分1(50Hz)(dB) 30
−15
−15 频率成分2(100Hz)(dB) 30</td><td>无放电信号特征</td></tr>
<tr><td>2018 年
7 月 3 日</td><td>300−2</td><td> 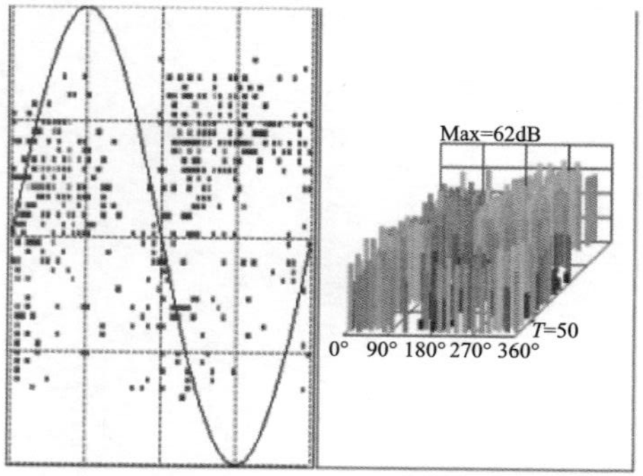Max=62dB
0° 90° 180° 270° 360°
T=50</td><td> 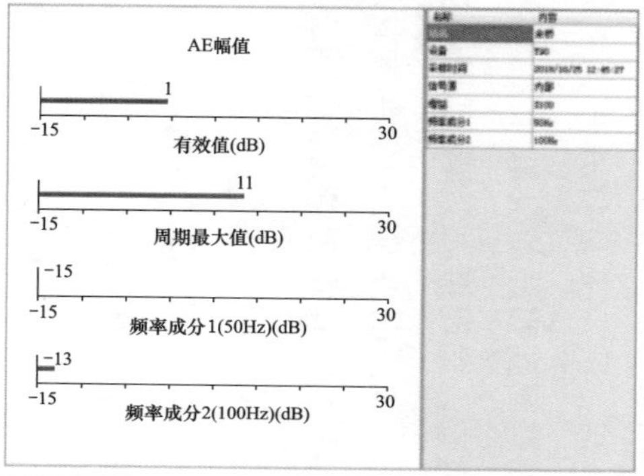AE幅值
1
−15 有效值(dB) 30
11
−15 周期最大值(dB) 30
−15
−15 频率成分1(50Hz)(dB) 30
−13
−15 频率成分2(100Hz)(dB) 30</td><td>放电类型为绝缘沿面放电信号</td></tr>
</table>

续表

测试时间	检测位置	图谱文件		备注
		超声波检测结果	特高频检测结果	
2018年 7月3日	300	Max=47dB 0° 90° 180° 270° 360° T=50	AE幅值 −13 −15 有效值(dB) 30 −10 −15 周期最大值(dB) 30 −15 −15 频率成分1(50Hz)(dB) 30 −15 −15 频率成分2(100Hz)(dB) 30	绝缘放电

由超声波、特高频检测结果分析可以看出，母联 300-2 开关柜特高频幅值 62dB，一个工频周期出现两簇明显脉冲信号，幅值较分散，超声波检测幅值 14dB，且 50Hz 频率成分小于 100Hz 频率成分，暂态地电压正常，初步判断可能存在绝缘放电。

3. 隐患处理情况

当日安排对 35kV Ⅱ段设备进行全面检查，重点检查 300-2、325 备用、326 备用间隔的柜内设备。对柜内母线连接螺栓进行紧固，并将柜内设备擦拭干净。交流工频电压加压至运行电压 20.2kV 时，仍能听见明显的放电异响，异响随电压升高逐渐增大。同时对 35kV Ⅱ段开关柜开展局部放电检测发现 300-2 开关柜内上部仍存在放电现象。停止试验后进入柜内检查，发现 300-2 开关柜内套管等电位线对套管内壁有放电灼烧痕迹（见图 4-28）。

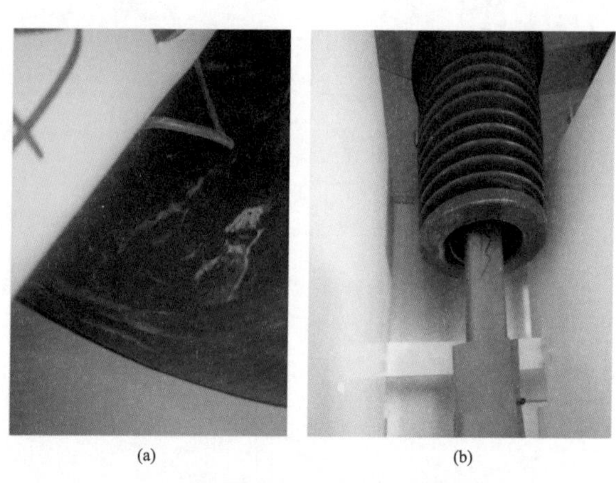

(a)　　(b)

图 4-28　套管等电位线与套管内壁放电情况

（a）套管内壁情况；（b）B 相穿墙套管

检查结果发现，300-2 开关柜内 A、B 相穿柜套管内壁处有 40mm×40mm 的放电痕迹，其中 A 相等电位线放电痕迹最明显。

35kV 开关柜穿柜套管可以保证高电位的母线排与金属外盒处于两种不同的电位中，但母线排在通过开关柜时，会表现出电场分布差异化，主要表现在越靠近母线排处，电场线分布越密集，电压等级越高，这种分布趋势越明显，因此在 35kV 以上的开关柜套管中，为了缓解这种电场线过于密集，通常在套管生产过程中会加入一种宽度为 30～40mm 的金属屏蔽袋，同时为保证金属屏蔽网与开关柜金属外壳保持同电位，在安装套管时，将这种屏蔽网通过 2～4mm^2 的多股软铜线与金属外壳相连，这就是所谓的套管等电位线。

在均匀介质（空气）的电场中，高电位形成的电场如图 4-29 所示，空气的击穿电压大约为 36kV。

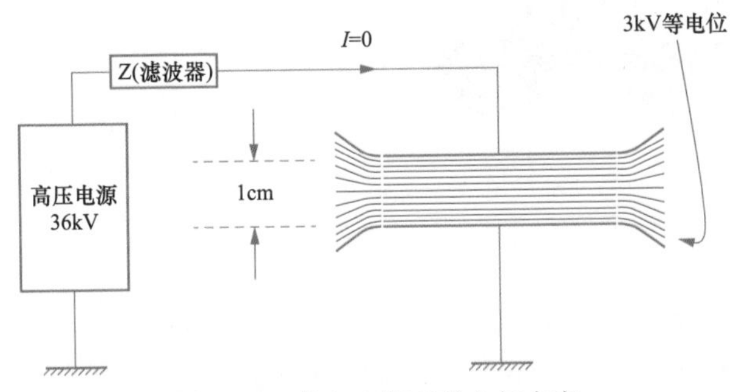

图 4-29　均匀电场下的空气击穿

当高压等电位线触碰到套管内部后，在触碰点会形成不均匀电场，在非均匀电场中，空气的击穿电压会大大降低，如图 4-30 所示。因此更容易产生空气击穿的局部放电。

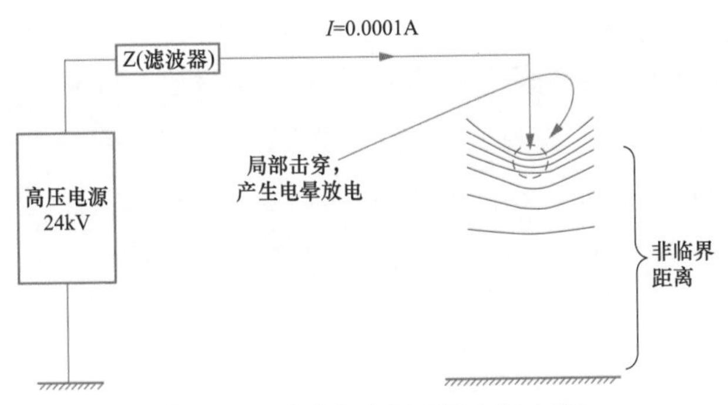

图 4-30　非均匀电场下的空气击穿

等电位线对开关柜套管内壁的放电现象，说明在不均匀电场中，空气的击穿电压会降低，同时也证明套管等电位线安装工艺质量直接影响开关柜的运行状态。为今后该类设备的质量监督提供了理论依据。通过模拟试验验证结果如图 4-31 所示，当等电位线距离套管内壁距离小于 8mm 时，局部放电的起始超过 29kV，按照规程规定，35kV 开关柜交流耐受电压为 76kV，为保证不产生局部放电缺陷，此时等电位线距离至少为 20mm。

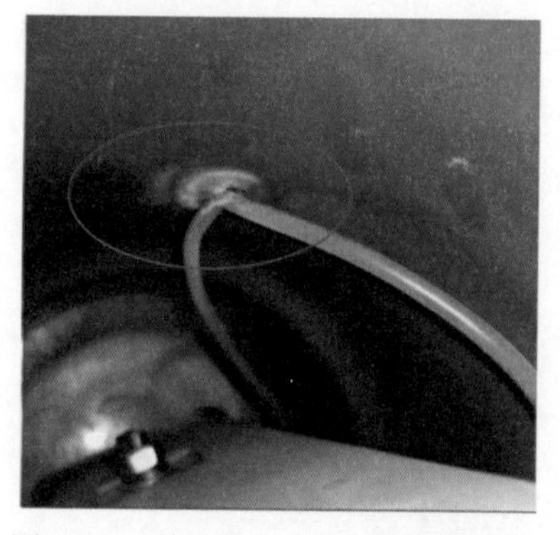
图 4-31　等电位线产生局部放电痕迹

随后对开关柜内的等电位线进行处理：打 300-2 开柜门后柜门，对产生放电痕迹的穿柜套管内壁进行擦拭；将开关柜套管等电位线进行缩短处理，同时保证等电位线位于高压母线与套管内部的中心位置或者距离套管内壁 20mm 以上，从而保障高电位的等电位线与地电位的套管内部处在相对均匀的电场中。

【案例 5】开关柜穿柜套管屏蔽线松动故障分析

1. 故障简介

2020 年 5 月 22 日，对某 110kV 变电站 35kV 开关室开关柜开展局部放电检测，利用超声波检测在 1 号主变压器 35kV 侧 301 开关柜检测到异常信号，定位超声最大点位于 1 号主变压器 35kV 侧 301 开关柜与 35kV 母联 300 开关柜后柜顶部缝隙位置，信号峰值为 38dB，超声背景幅值 -8dB；暂态地电压 1 号主变压器 35kV 侧 301 开关柜背面幅值为 55dB，对比超声波背景幅值的 25dB，有明显差异，特高频检测到悬浮放电及绝缘放电特征信号。2020 年 11 月 30 日进行停电检查，发现 1 号主变压器 301 开关柜母线室与母联 300 开关柜母线室之间穿柜套管 C 相内屏蔽线一侧未与母线排连接，造成悬浮放电，处理后送电局部放电测试正常。异常设备信息如表 4-6 所示。

表 4-6　异 常 设 备 信 息

设备名称	1 号主变压器 301 开关柜	设备电压等级	35kV
设备型号	I-AY1-40.5-12	设备出厂时间	2012 年 12 月 5 日
设备投运时间	2013 年 8 月 7 日		

2. 检测分析

在对 35kV 开关室开关柜进行局部放电检测时，利用超声技术发现 1 号主变压器 35kV 侧 301 柜存在异常信号，检测数据如表 4-7 所示。

进行暂态地电压检测时，信号峰值集中在 1 号主变压器 35kV 侧 301 开关柜上部，向两侧呈现递减趋势，且信号与超声波背景幅值的25dB有明显差异，检测数据如表4-8所示。

表4-7　　开关柜超声波局部放电检测数据

检测位置	检测图谱	幅值
1号主变压器35kV侧301开关柜与35kV母联300开关柜后柜顶部缝隙		38dB

表4-8　　开关柜局部放电检测数据

<table>
<tr><td>检测仪器</td><td colspan="5" rowspan="2">局部放电检测仪</td><td colspan="2">设备型号</td><td colspan="4">I-AY1-40.5-06</td></tr>
<tr><td></td><td colspan="2">仪器型号</td><td colspan="4">UTP</td></tr>
<tr><td>空气背景幅值</td><td>-8dBμV</td><td colspan="2">金属背景幅值</td><td colspan="2">25dB</td><td colspan="2">温度</td><td colspan="2">25℃</td><td>湿度</td><td>18%</td></tr>
<tr><td colspan="2">开关柜名称/检测位置</td><td>开关柜前柜中部幅值（dB）</td><td>开关柜前柜下部幅值（dB）</td><td>开关柜后柜上部幅值（dB）</td><td>开关柜后柜中部幅值（dB）</td><td>开关柜后柜下部幅值（dB）</td><td>开关柜侧柜上部幅值（dB）</td><td>开关柜侧柜中部幅值（dB）</td><td>开关柜侧柜下部幅值（dB）</td><td>超声检测有无异常声响（有：√，无：×）</td><td>检测结果</td></tr>
<tr><td colspan="2">35kV Ⅰ母电压互感器</td><td>49</td><td>45</td><td>53</td><td>38</td><td>36</td><td>/</td><td>/</td><td>/</td><td>×</td><td>正常</td></tr>
<tr><td colspan="2">301开关柜</td><td>52</td><td>46</td><td>55</td><td>46</td><td>38</td><td>/</td><td>/</td><td>/</td><td>√
38dB</td><td>异常</td></tr>
<tr><td colspan="2">300开关柜</td><td>/</td><td>/</td><td>46</td><td>/</td><td>/</td><td>/</td><td>/</td><td>/</td><td>×</td><td>正常（分）</td></tr>
<tr><td colspan="2">300-2隔离开关柜</td><td>50</td><td>44</td><td>36</td><td>37</td><td>46</td><td>/</td><td>/</td><td>/</td><td>×</td><td>正常</td></tr>
</table>

对1号主变压器35kV侧301开关柜后柜顶部超声信号最大点位置开展特高频检测，检测图谱如图4-32和图4-33所示。

从信号幅值分析，信号最大点于超声检测位置相符，位于1号主变压器35kV侧301开关柜与35kV母联300开关柜后柜顶部缝隙；从信号特征分

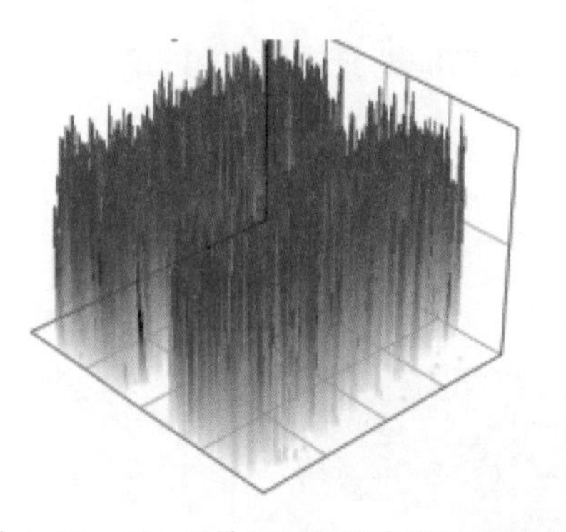

图 4-32　301 开关柜顶柜特高频检测图谱

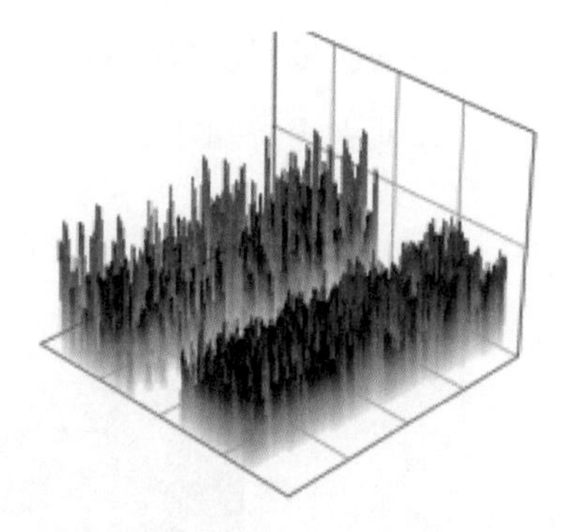

图 4-33　35kV 母联 300 开关柜后柜检测图谱

析，信号符合金属悬浮放电特征及绝缘类放电特征，但结合信号最大点的位置分析，放电可能为穿柜套管内部绝缘类放电或穿柜等电位连接松动造成悬浮放电。

3. 隐患处理情况

2020 年 8 月 18 日，将跟踪检测数据与 5 月 22 日比较，无明显变化。结合两次检测数据综合分析，确定 1 号主变压器 35kV 侧 301 开关柜内确存在放电特征，以超声定位位置判断放电源位于 1 号主变压器 35kV 侧 301 开关柜与 35kV 母联 300 开关柜穿柜套管位置。

2020 年 11 月 30 日，对 35kVⅠ母母线进行停电检查处理，检查发现 1 号主变压器 301 开关柜母线室与母联 300 开关柜母线室之间穿柜套管 C 相内屏蔽线一侧未与母线排连接，另外，还发现固定母线连接部位绝缘护套外的绝缘扎带未剪短（见图 4-34 和图 4-35）。

图 4-34　母线室穿柜套管内屏蔽线未与母线排连接

图 4-35　固定母线绝缘护套的扎带未剪短

将穿柜套管内屏蔽线与母线进行紧固，对固定绝缘护套的扎带多余部分进行剪短，处理后的穿柜套管内屏蔽线和扎带如图 4-36 和图 4-37 所示。

图 4-36 处理后的穿柜套管内屏蔽线

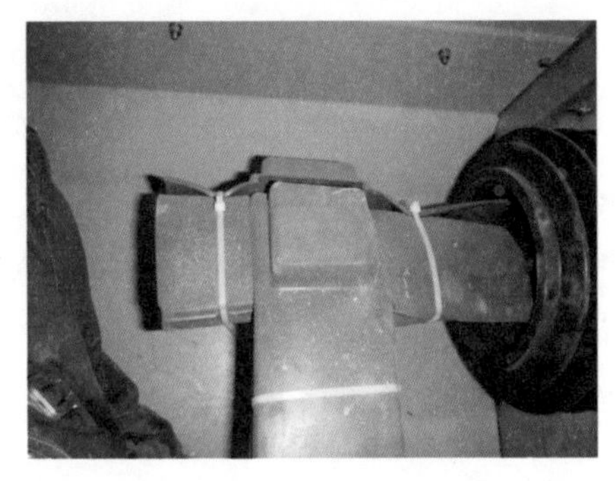

图 4-37 处理后的扎带

处理完成后，35kVⅠ母送电正常，对开关柜进行局部放电检测，检测正常，数据如表 4-9 所示。

表 4-9 开关柜局部放电检测数据

检测仪器	局部放电检测仪				设备型号		I-AY1-40.5-06			
					仪器型号		UTP			
空气背景幅值	-7dBμV	金属背景幅值		17dB	温度		12℃		湿度	20%
开关柜名称 / 检测位置	开关柜前柜中部幅值（dB）	开关柜前柜下部幅值（dB）	开关柜后柜上部幅值（dB）	开关柜后柜中部幅值（dB）	开关柜后柜下部幅值（dB）	开关柜侧柜上部幅值（dB）	开关柜侧柜中部幅值（dB）	开关柜侧柜下部幅值（dB）	超声检测有无异常声响（有：√，无：×）	检测结果
Ⅰ母电压互感器开关柜	21	20	19	20	20	/	/	/	-7	正常
301 开关柜	20	21	20	19	19	/	/	/	-7	正常
300 开关柜	20	19	20	21	20	/	/	/	-7	正常（分）
300-2 开关柜	21	20	20	19	20	/	/	/	-7	正常

【案例 6】开关柜柜内穿柜套管等位线断裂故障分析

1. 故障简介

2020 年 4 月 3 日，开展某 330kV 变电站开关柜局部放电检测工作，通过特高频、超声波、暂态地电波检测和示波器定位，发现 35kV 2 号主变压器

302-2 小车隔离开关柜存在异常放电信号，停电检查发现柜内穿柜套管等位线断裂。被测设备信息如表 4-10 所示。

表 4-10　　被测设备信息

名称编号	35kV 2 号主变压器 302-2 小车隔离开关柜	型号	KYN61-405
额定电压	40.5kV	额定电流	2000A
出厂编号	1904-6-37449	出厂日期	2020 年 4 月

2. 检测分析

（1）暂态地电压测试。暂态地电压测试数据合格（见表 4-11）。

表 4-11　　暂态地电压测试数据　　（dB）

开关柜名称 / 检测位置	金属背景幅值	9	空气背景幅值	10	
	开关柜前柜中部幅值	开关柜前柜下部幅值	开关柜后柜上部幅值	开关柜后柜中部幅值	开关柜后柜下部幅值
323	8	7	9	10	8
322	9	8	10	9	9
321	9	9	10	11	9
302-2	8	8	7	10	10
Ⅱ母 TV	8	9	8	9	9

（2）超声波测试。在 302-2 开关柜后柜顶部可以听到明显的放电声，超声检测图谱具有明显的局部放电特征，具体图谱见定位分析。超声检测数据如表 4-12 所示。

表 4-12　　超声检测　　（mV）

开关柜名称 / 检测位置	金属背景幅值	0.8	空气背景幅值	0.7	
	开关柜前柜中部幅值	开关柜前柜下部幅值	开关柜后柜上部幅值	开关柜后柜中部幅值	开关柜后柜下部幅值
323	0.8	0.8	0.7	0.7	0.8
322	0.7	0.6	0.6	0.7	0.6
321	0.7	0.7	0.7	0.6	0.7
302-2	0.7	0.6	8.1	0.7	0.7
Ⅱ母 TV	0.7	0.8	0.6	0.8	0.6

（3）特高频测试。在302-2开关柜后柜门视窗处（见图4-38）检测到明显局部放电信号，检测图谱如图4-39所示，PRPS图谱表现为一个周期内有两簇连续的局部放电信号，最大幅值为57dB，PRPD图谱表现为放电信号分布在一个电压周期的正负半周，信号幅值大小不一，正半周放电次数较为稀疏，负半周放电次数较为密集，具有沿面放电特征（见表4-13）。

图4-38　302-2开关柜后柜门视窗处特高频检测

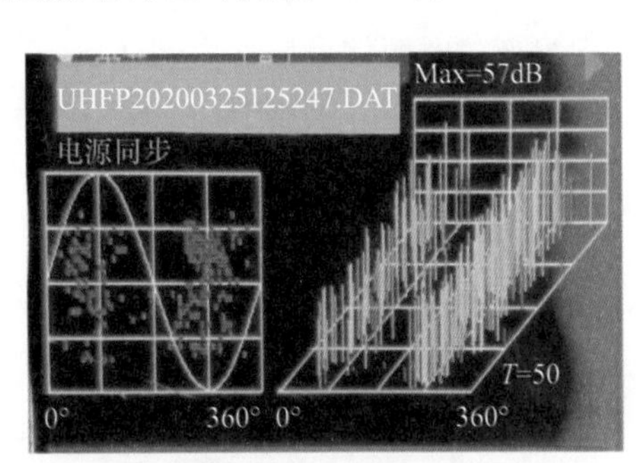

图4-39　302-2开关柜特高频检测图谱

表4-13　特高频测试结果

序号	开关柜名称	图谱
1	背景	无干扰
2	323	无局部放电
3	322	无局部放电
4	321	无局部放电
5	302-2	存在局部放电信号
6	Ⅱ母TV	无局部放电

（4）定位分析。利用PDS-G1500局部放电定位仪观察波形图判断局部放电类型，波形图如图4-40所示，可以观察到一个周期存在两簇放电脉冲，放电幅值较为分散，正负半周不对称，正半周放电次数较为稀疏，负半周放电次数较为密集，具有沿面放电特征。

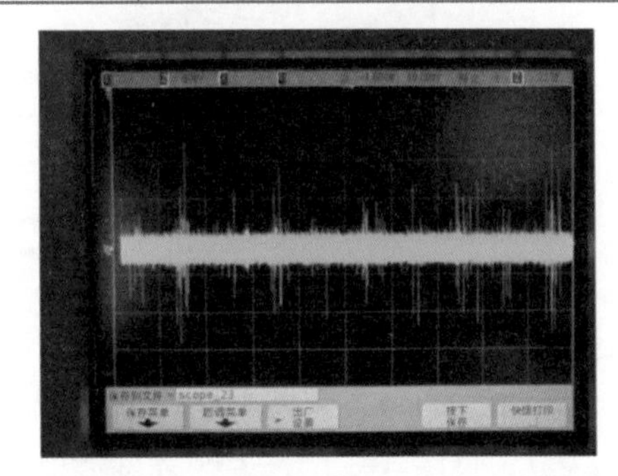
图4-40　PDS-G1500局部放电定位仪波形图

利用 PDS-G1500 对开关柜内局部放电源进行定位分析，判断局部放电源位置。

将两个 UHF 传感器（黄色为 1 号、红色为 2 号）放置于开关柜后柜门侧方，传感器之间的初始距离为 1.5m（见图 4-41），发现局部放电信号先到达 1 号（见图 4-44），逐渐缩小 1 号和 2 号之间的距离（见图 4-42 和图 4-43），发现局部放电源信号始终先到达 1 号（见图 4-45 和图 4-46），说明局部放电源位于 1 号以上的平面，如图 4-46 中黄线所示。

图 4-41　第一次特高频纵向定位

图 4-42　第二次特高频纵向定位

图 4-43　第三次特高频纵向定位

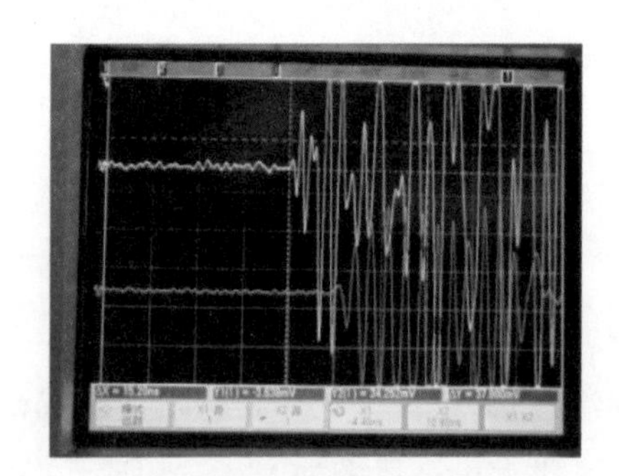
图 4-44　第一次特高频纵向定位波形图

将 1 号、2 号横向布置（见图 4-47），发现局部放电信号先到达 1 号，逐渐缩小 1 号和 2 号之间的距离，移动到图 4-48 所示位置时，两波形起始沿时间一致（见图 4-51），说明局部放电源位于两者中线所在的平面，如图 4-51 中蓝线所示。

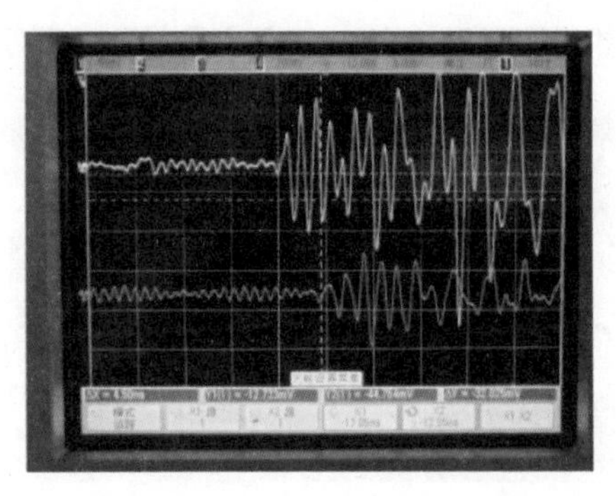

图 4-45　第二次特高频纵向定位波形图

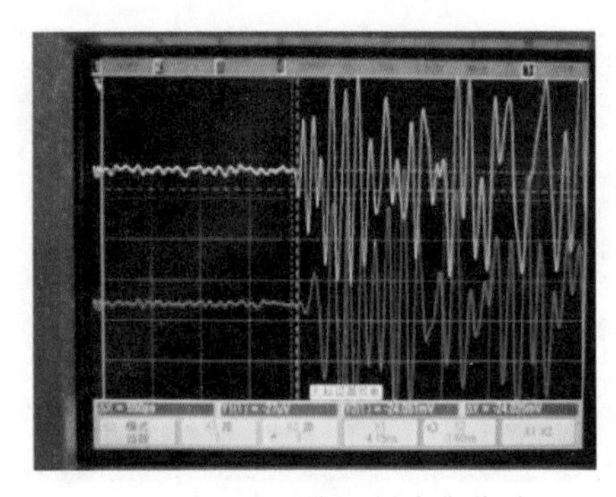

图 4-46　第三次特高频纵向定位波形图

黄线与蓝线交叉点为局部放电源位置，如图 4-49 和图 4-50 所示。由于前柜门无法测到特高频信号，故无法定位深度。

图 4-47　第一次特高频横向定位

通过超声波法进行验证，在该点处用耳机可听到明显放电声，其他位置无放电声。

超声连续模式图谱如图 4-54 所示，测试幅值为 8.1mV，频率成分 2 大于频率成分 1；超声相位图谱如图 4-55 所示，可知一个周期存在两蔟放电脉冲，一簇放电次数较为稀疏，一簇放电次数较为密集，与沿面放电特征基本相符。

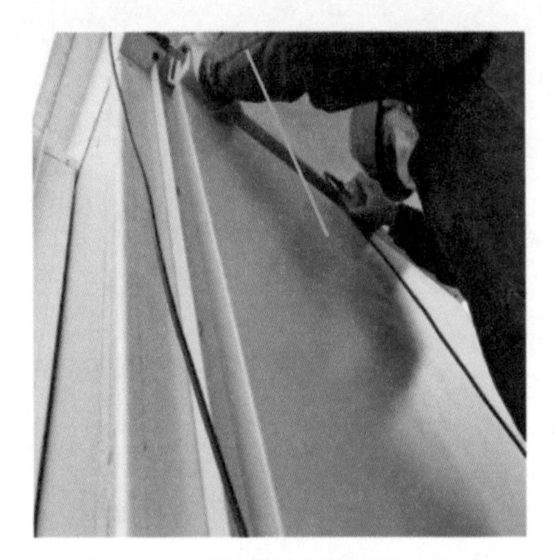

图 4-48　第二次特高频横向定位

图 4-49　信号源位置示意图

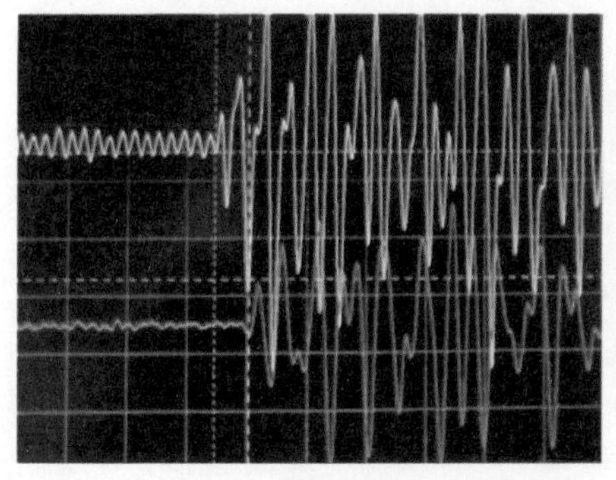

图 4-50　第一次特高频横向定位波形图

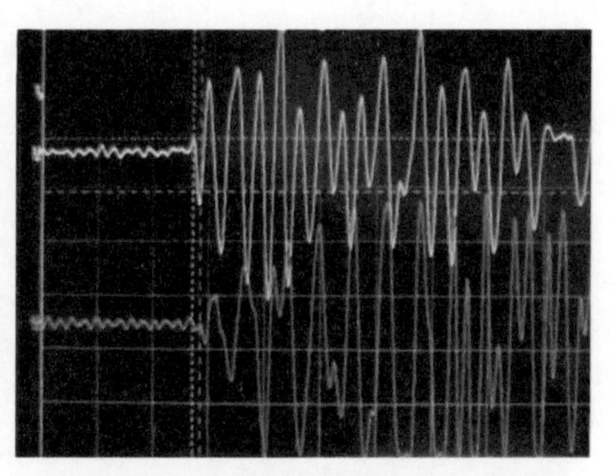

图 4-51　第二次特高频横向定位波形图

图 4-52　超声波连续模式测试位置

图 4-53　超声连续模式测试

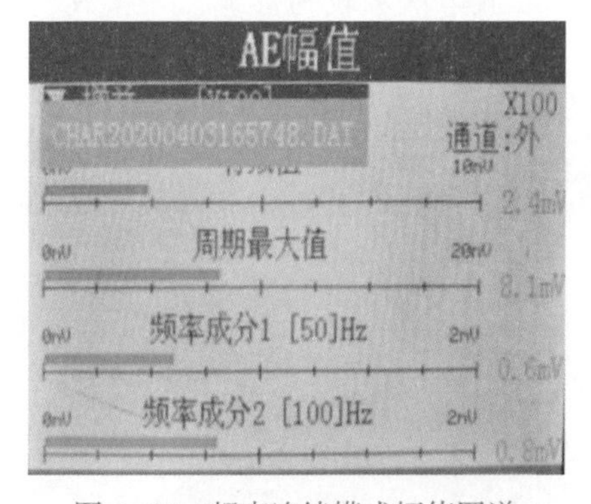

图 4-54　超声连续模式幅值图谱

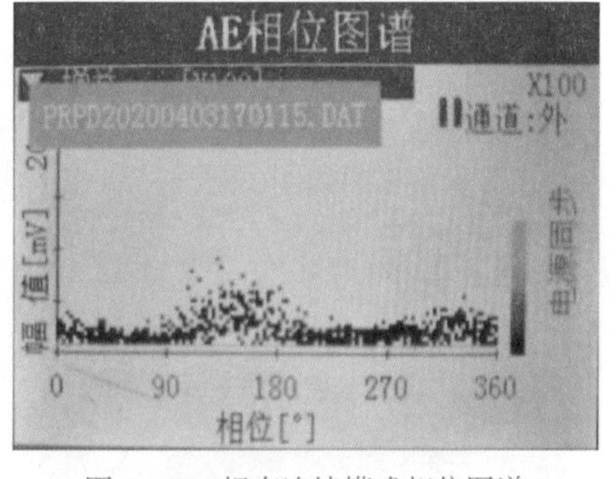

图 4-55　超声连续模式相位图谱

3. 隐患处理情况

7 月 8 日，对 302-2 开关柜进行停电检查，发现 A 相进线母线绝缘套管等电位线压接处脱落。等电位线一端搭接在绝缘套管内壁，产生沿面爬电，与带电检测定位位置一致，现场重新恢复了等电位线，恢复情况如图 4-56 所示，送电后开关柜异响消失，超声信号和特高频信号均已消失。

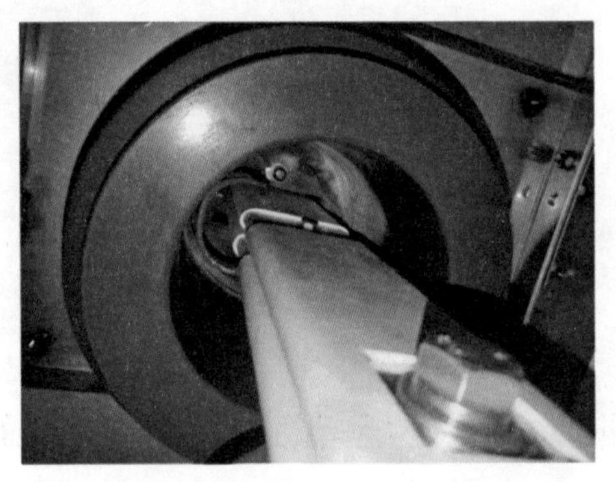

图 4-56　停电检查恢复情况

【案例 7】开关柜交流耐压试验不合格案例分析

1. 故障简介

2016 年 6 月 27 日，对某 110kV 变电站 323 开关柜前下柜和后下柜分别检出放电信号（超声波幅值为 5dB 和 4dB），暂态地电压值正常。6 月 30 日，试验人员复测放电信号确实存在，复测 14323 开关柜前下柜和后下柜分别检出放电信号（超声波幅值为 18dB 和 12dB），暂态地电压值正常。2016 年 8 月 21 日，对该 110kV 变电站 35kVⅡ段母线及各出线停电查找放电原因。

2. 检测分析

经停电检查，35kV Ⅱ段母线 323、324、321 开关柜内隔离开关支柱绝缘子及母线穿墙套管表面均有白色盐晶颗粒，检修人员将其表面擦干净后，试验人员将 323 线穿墙套管拆除后做交流耐压试验合格，做局部耐压试验不合格，后将备用线母线穿墙套管拆除后更换至 323 间隔后正常。母线穿墙套管无铭牌。

3. 隐患处理情况

（1）外观检查情况。母线穿墙套管表面均有白色盐晶颗粒，没有放电痕迹，如图 4-57 所示。

（2）试验验证情况。2016 年 8 月 21 日申请对该 35kVⅡ段母线所有开关柜进行停电检查，消除 323 开关柜放电缺陷，同样对 35kVⅡ段母线各相分别加压测试，测试数据如表 4-14 所示。

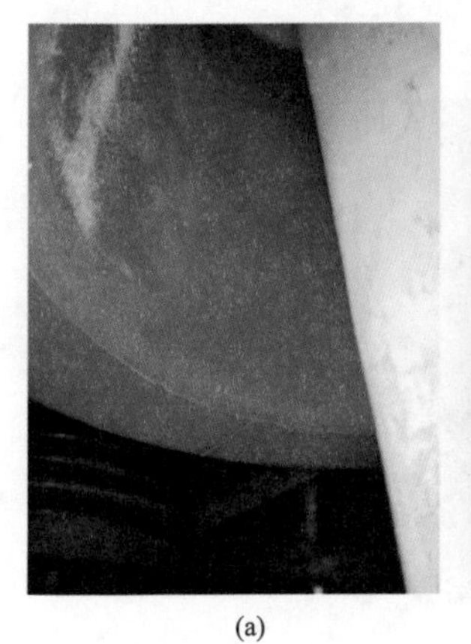
(a)

(b)

(c)

图 4-57　母线穿墙套管

（a）母线穿墙套管内部；（b）母线穿墙套管外部；（c）母线穿墙套管整体

表 4-14　测 试 数 据

<table>
<tr><td>变电站</td><td colspan="2">某 110kV 变电站</td><td colspan="2">试验类别</td><td>例行</td></tr>
<tr><td>试验日期</td><td colspan="2">2016.8.21</td><td colspan="2">测试环境 TEV（dB）</td><td>5</td></tr>
<tr><td>环境温度（℃）</td><td colspan="2">28</td><td colspan="2">环境湿度</td><td>30%</td></tr>
<tr><td rowspan="2">开关柜名称</td><td rowspan="2">前柜门暂态地电压（dB）</td><td colspan="2">后柜门暂态地电压</td><td rowspan="2">前柜门超声波幅值（dB）</td><td rowspan="2">后柜门超声波幅值（dB）</td></tr>
<tr><td>上部</td><td>下部</td></tr>
<tr><td>324 开关柜</td><td>9</td><td>10</td><td>9</td><td>29</td><td>29</td></tr>
<tr><td>302 开关柜</td><td>7</td><td>6</td><td>4</td><td>−7</td><td>−6</td></tr>
<tr><td>323 开关柜</td><td>3</td><td>4</td><td>4</td><td>−7</td><td>−7</td></tr>
<tr><td>35kV Ⅱ段母线电压互感器开关柜</td><td>4</td><td>5</td><td>4</td><td>−7</td><td>−7</td></tr>
</table>

通过测试发现，放电位置位于 324 开关柜内，在对 324 开关柜各个缝隙处检测超声波信号发现，在 A 相母线套管附近超声波幅值最大，耳机能听到强烈的放电声响，因此决定停电检查开关柜内情况并重点检查 A 相母线套管部位，随即对 324 开关柜内所有设备进行检查，发现 A 相母线套管内壁附着大量小水珠，并且灰尘附着较多。

（3）解体检查情况。母线穿墙套管未解体，检修人员将母线穿墙套管拆除后擦拭干净。

（4）故障原因分析。

1）由于穿墙套管外观检查无放电痕迹，交流耐压试验正常但局部放电试验不合格，判断为穿墙套管内部质量存在问题。

2）穿墙套管表面有白色盐晶颗粒原因为35kV配电室内空气潮湿且含盐度较高，需改善空气质量。

4.3 开关柜引线、连接线放电案例

【案例】开关柜电缆仓三相避雷器线故障分析

1. 故障简介

2016年6月15日，对某110kV变电站10kV开关柜进行超声波（AE）、暂态地电压（TEV）、特高频（UHF）局部放电联合带电测试，发现522开关柜、525开关柜、562开关柜、524开关柜超声波存在放电信号，幅值最大为20dB，暂态地电压信号23dB，特高频在524开关柜检测到异常。

通过超声波定位分析，最终判断信号来自开关柜电缆仓三相避雷器线交叉紧贴处，放电类型为绝缘表面放电，放电痕迹明显，建议尽快处理。

2. 检测分析

（1）超声波检测。对522开关柜、525开关柜、562开关柜、524开关柜进行超声普测，超声异常，具体数据如图4-58所示。

（2）暂态地电压检测。暂态地电压为背景值为20dB，该开关柜的暂态地电压最大检测幅值为23dB，暂态地电压测试幅值正常。

（3）特高频检测。使用PDS-T90对522开关柜、525开关柜、562开关柜、524开关柜进行特高频测试，特高频信号在524开关柜测到异常，如图4-59所示。

（4）超声波幅值法定位。使用PDS-T90，采用超声波幅值法，对522开关柜、525开关柜、562开关柜、524开关柜进行精确定位。

522开关柜、525开关柜、562开关柜、524开关柜存在绝缘沿面放电，定位在开关柜电力仓避雷器三相引线处。

3. 隐患处理情况

2016年6月19日对该110kV变电站522开关柜、525开关柜、562开关

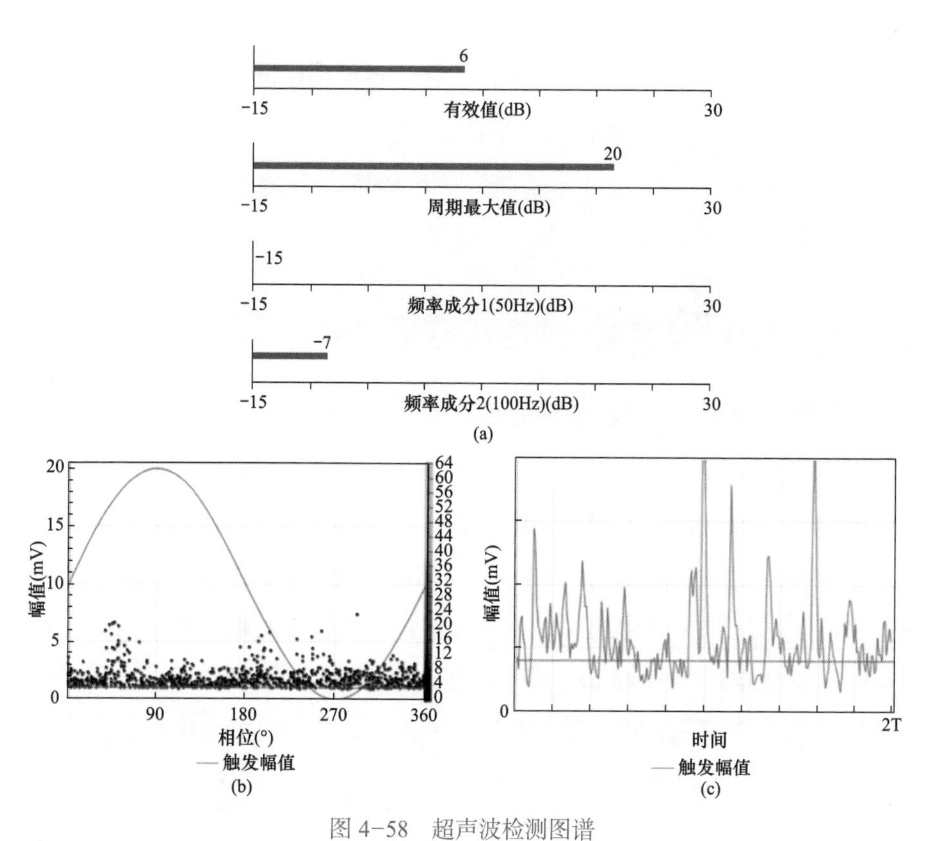

图 4-58 超声波检测图谱

（a）超声波检测幅值图谱；（b）超声波检测相位图谱；（c）超声波检测波形图谱

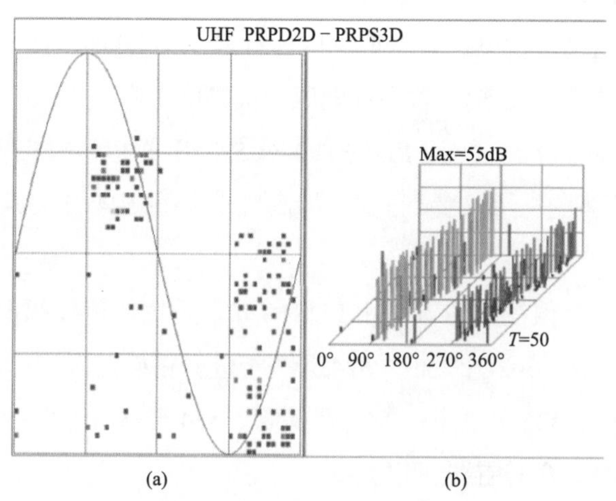

图 4-59 特高频 PRPD/PRPS 图谱

（a）相位图；（b）三维图

柜、524 开关柜停电处理，现场发现避雷器线放电痕迹明显，其中 524 开关柜避雷器线已经出现裂纹，放电严重，具体照片如图 4-60 所示。

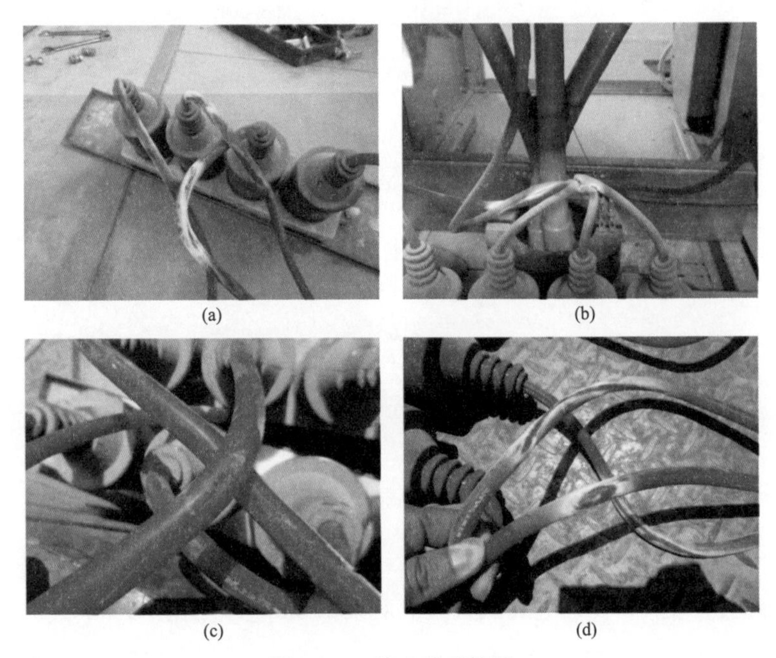

图 4-60 隐患处理情况

（a）522 开关柜隐患处理；（b）525 开关柜隐患处；（c）562 开关柜隐患处；（d）524 开关柜隐患处

2016 年 6 月 19 日对 522 开关柜、525 开关柜、562 开关柜、524 开关柜停电处理后复测，超声信号消失，特高频信号未检测到明显异常信号，数据如图 4-61 所示。停电处理后特高频检测图谱如图 4-62 所示。

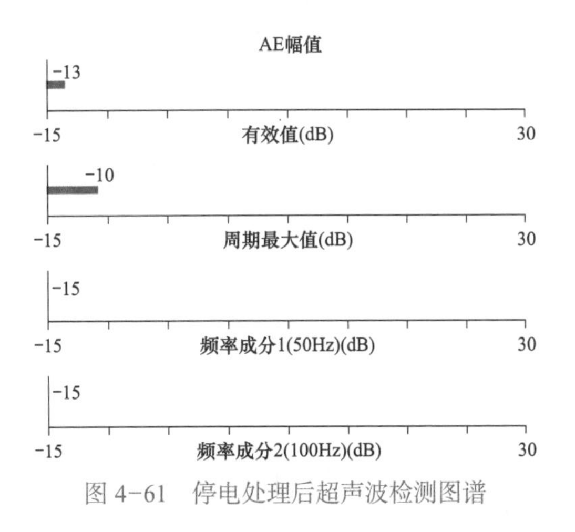

图 4-61 停电处理后超声波检测图谱

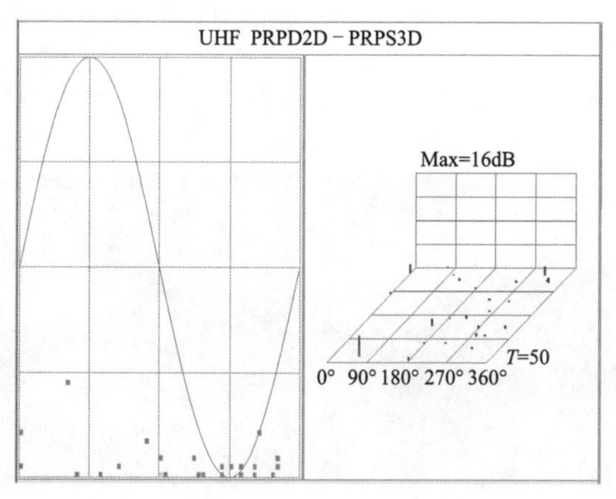

图 4-62 停电处理后特高频检测图谱

4.4 开关柜内部附件放电案例

【案例 1】开关柜内断路器上触头故障分析

1. 故障简介

2017 年 6 月 20 日，电气试验人员对某 110kV 变电站内 35kV 开关柜进行局部放电带电检测，在某 35kV 线路 313 开关柜、314 开关柜、326 开关柜发现异常放电信号；2017 年 6 月 21 日，电气试验人员对 35kV 开关柜局部放电复测及定位。314 开关柜断路器上触头位置特高频幅值为 65dB，一个工频周期出现两簇明显脉冲信号，且幅值较均匀，超声波幅值为 7dB，且 50Hz 频率成分小于 100Hz 频率成分，暂态地电压正常。314 开关柜内断路器上触头区域存在严重的悬浮放电现象。其他多面开关柜局部放电严重。

2. 检测分析

（1）检测情况。

1）313 开关柜特高频幅值为 59dB，一个工频周期出现两簇明显脉冲信号，且幅值较分散，超声波为 6dB，且 50Hz 频率成分小于 100Hz 频率成分，暂态地电压正常，初步判断可能存在绝缘放电；基础信息如表 4-15 所示；超声、特高频局部放电检测图谱如图 4-63 和图 4-64 所示。

2）314 开关柜特高频幅值为 65dB，一个工频周期出现两簇明显脉冲信号，且幅值较均匀，超声波幅值为 7dB，且 50Hz 频率成分小于 100Hz 频率成分，暂态地电压正常，初步判断可能存在悬浮放电，如图 4-65 所示。

表 4-15　　基 础 信 息

站点名称	某 110kV 变电站	检测内容	特高频、超声波、暂态地电压
设备型号	35kV 开关柜：KYN61	设备类型	开关柜
生产日期	35kV 开关柜：2011.5.11	天气	晴天
温度	28℃	湿度	0.45
检测仪器	多功能局部放电检测仪	仪器型号	PDS-T90

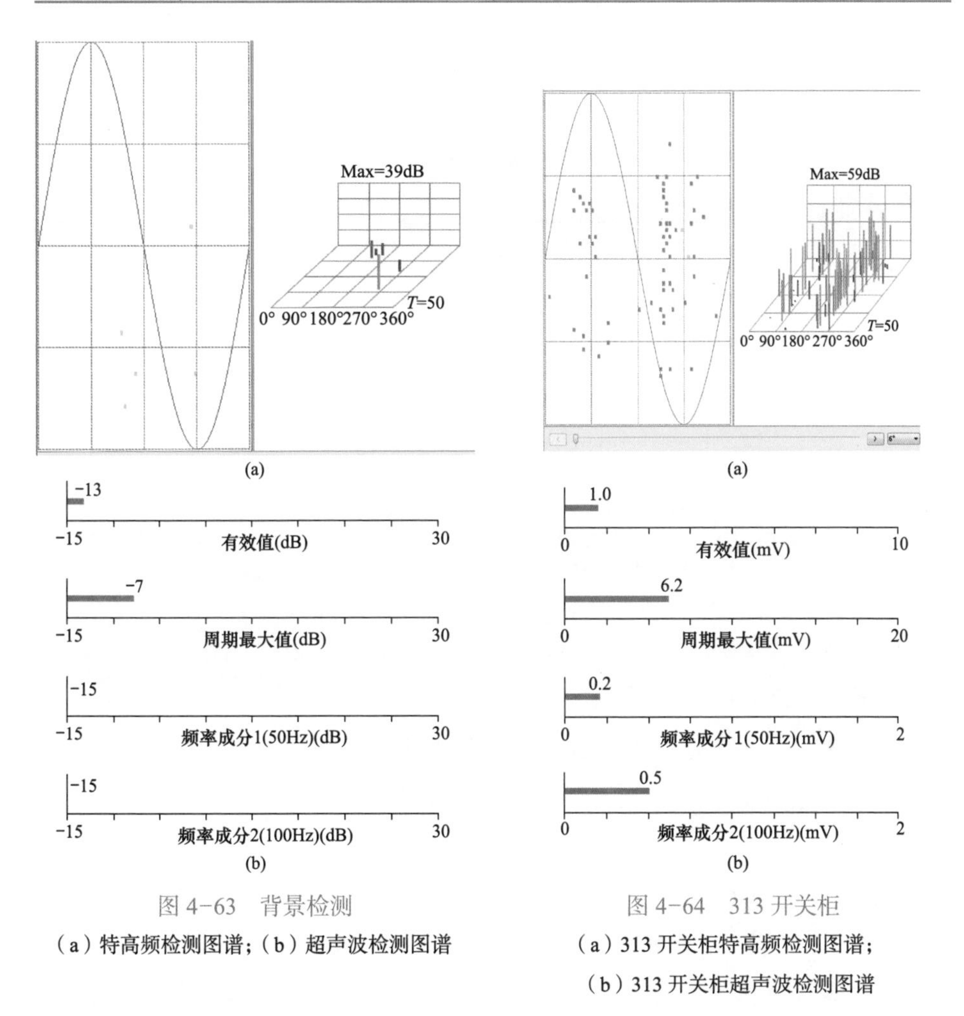

图 4-63　背景检测

（a）特高频检测图谱；（b）超声波检测图谱

图 4-64　313 开关柜

（a）313 开关柜特高频检测图谱；

（b）313 开关柜超声波检测图谱

3）326 开关柜特高频幅值为 59dB，一个工频周期出现两簇明显脉冲信号，且幅值较分散，超声波幅值为 7dB，且 50Hz 频率成分小于 100Hz 频率成分，暂态地电压正常，初步判断可能存在绝缘放电，如图 4-66 所示。

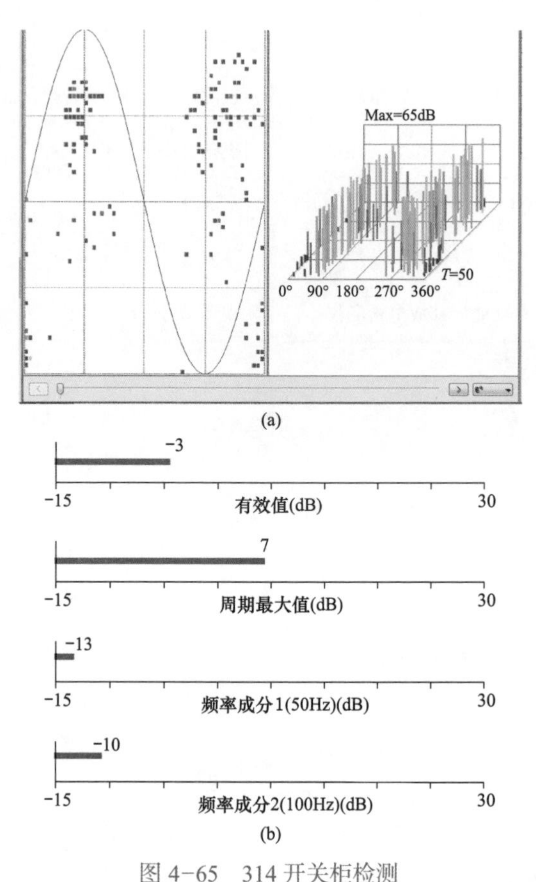

图 4-65 314 开关柜检测

（a）314 开关柜特高频检测图谱；（b）314 开关柜超声波检测图谱

（2）故障定位。通过 PDS-G1500 特高频局部放电分析仪对其进行精准定位。传感器位置如图 4-67 所示。

由分析可知异常信号来自该开关柜内 A 相断路器上触头处。其他开关柜异常信号依据同样方法均定位于断路器上触头处。

3. 隐患处理情况

2017 年 9 月 11～16 日，该 35kV 两段母线轮停，更换母线穿柜套管，对 35kV 设备进行全面检查处理。

（1）35kV Ⅰ段母线 313 开关柜、314 开关柜、315 开关柜、301 开关柜、300 开关柜内静触头套管表面浮灰明显、湿气较大，313 开关柜、314 开关柜、300 开关柜湿气尤为明显且三相静触头套管内壁均有放电痕迹（见图 4-68），314 开关柜静触头套管底部粉尘颗粒较多（见图 4-69）。

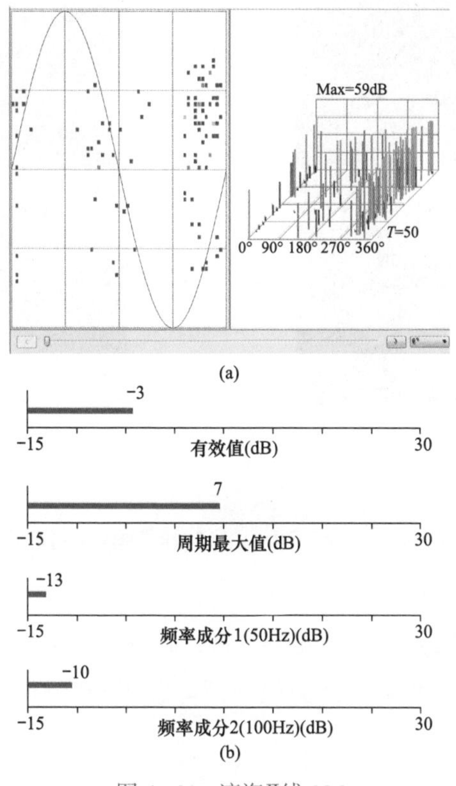

图 4-66　湾海Ⅱ线 326

（a）326 开关柜特高频检测图谱；（b）326 开关柜超声波检测图谱

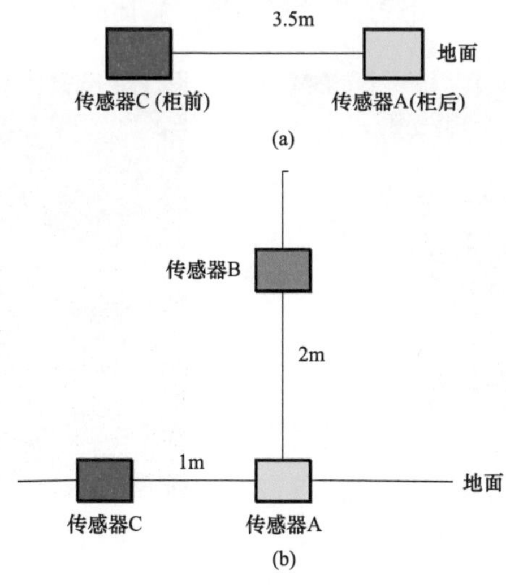

图 4-67　信号源位置分析图

（a）横向定位示意图；（b）综合定位示意图

图 4-68　314 开关柜 A 相

图 4-69　313 开关柜、314 开关柜、300 开关柜静触头套管

触指均有不同程度的氧化变色，313 开关柜、314 开关柜、300 开关柜、300-2 开关柜较为严重，如图 4-70 所示。

（2）对 35kV Ⅰ段母线设备进行检查、清擦、螺丝紧固、加热烘干、氧化处理、等电位处理，最后对开关柜前部静触头套管喷涂 PRTV、自然晾干、烘干。

1）喷涂 PRTV、加热烘干前，绝缘电阻 A 为 10MΩ，绝缘电阻 B 小于 10MΩ，绝缘电阻 C 小于 10MΩ；耐压试验时，试验电压加至 20～22kV 出现图 4-71 中放电现象，多次试验结果一致，施加电压越高放电现象越严重。

图 4-70　326 开关柜湾海Ⅱ线

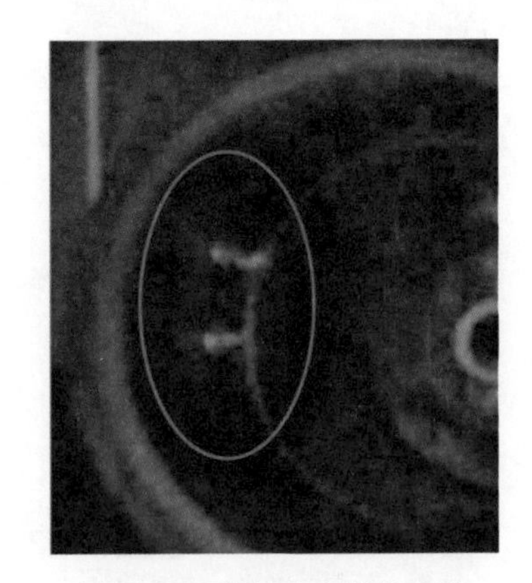

图 4-71　静触头套管处理前耐压试验放电情况

2）喷涂 PRTV、加热烘干后，绝缘电阻 A 为 200MΩ，绝缘电阻 B 为

150MΩ，绝缘电阻 C 为 200MΩ；耐压试验时，试验电压加至 64～68kV 出现图 4-72 中放电现象，多次试验结果一致。

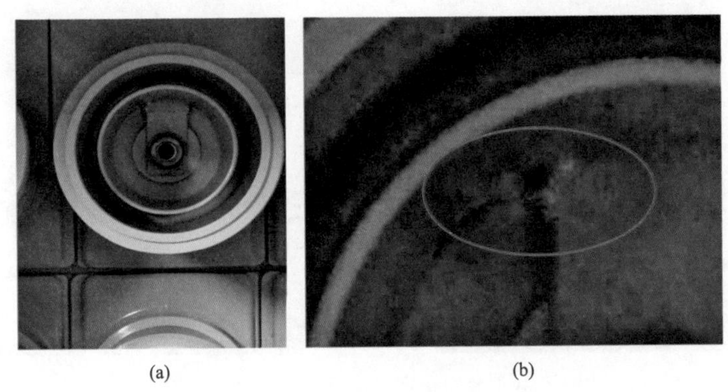

图 4-72　静触头套管处理后耐压试验

（a）处理后的静触头；（b）耐压试验静触头放电情况

（3）对 35kVⅡ段母线设备进行检查、清擦、螺丝紧固更换、加热烘干、氧化处理、等电位处理，最后对开关柜前部静触头套管喷涂 PRTV、自然晾干、烘干。试验条件、等电位处理情况与上述相同。

1）喷涂 PRTV、加热烘干前，绝缘电阻 A 为 50MΩ，绝缘电阻 B 小于 10MΩ，绝缘电阻 C 小于 10MΩ；耐压试验时，试验电压加至 24kV 出现图 4-73 中放电现象，多次试验结果一致，施加电压越高放电现象越严重。

2）喷涂 PRTV、加热烘干后，绝缘电阻 A 为 700MΩ，绝缘电阻 B 为 150MΩ，绝缘电阻 C 为 200MΩ；耐压试验时，试验电压加至 64kV 出现图 4-74 中放电现象，多次试验结果一致。

（4）35kV Ⅱ段母线 324 开关柜、325 开关柜、326 开关柜、327 开关柜内套管表面浮灰明显，尘土干燥，静触头套管内壁没有放电痕迹，324 开关柜、325 开关柜、326 开关柜静触头套管内有少量导电膏碎屑，326 开关柜后部柜内 A 相电缆头的上部接线板锈蚀严重。302 开关柜、300-2 开关柜静触头套管表面湿气较大，柜门内壁附着有水滴，其他间隔柜门内壁干燥。

313 开关柜、314 开关柜、315 开关柜、301 开关柜、300 开关柜、302 开关柜柜门内壁有类似情况，湿气程度较轻，观察窗玻璃有水气；其他开关柜柜门内壁及观察窗干燥（见图 4-75）。

图 4-73　24kV 耐压试验静触头放电情况

图 4-74　喷涂 PRTV、加热烘干后耐压试验放电情况

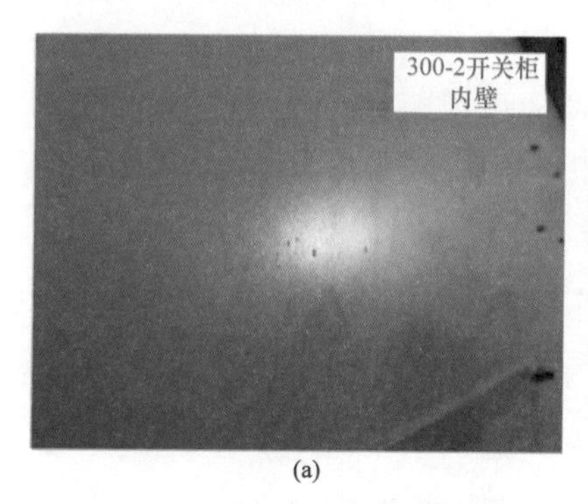

(a)

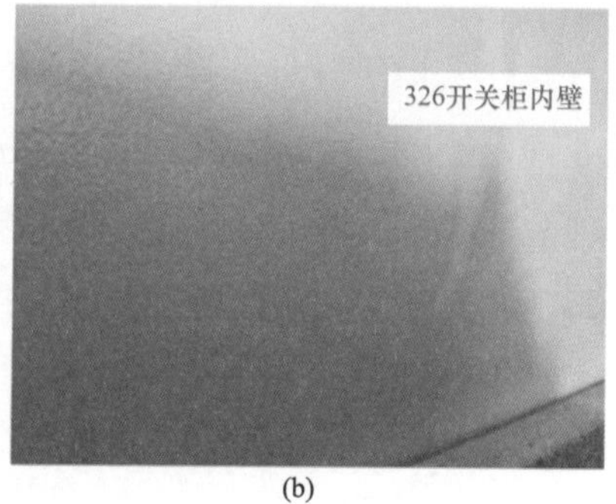

(b)

图 4-75　间隔柜门内壁

（a）300-2 开关柜内壁；（b）326 开关柜内壁

326 开关柜 A 相、B 相、C 相电缆头上部接线板有锈迹，如图 4-76 所示。

4. 复测

2017 年 9 月 18 日，电气试验人员对该 35kV 开关柜进行复测。

（1）314 开关柜特高频幅值为 63dB，一周期存在两簇明显的放电信号，且幅值较分散，超声波幅值为 20dB，50Hz 频率成分小于 100Hz 频率成分，判断存在严重绝缘放电（见图 4-77 和图 4-78）。

（2）300-2 开关柜特高频幅值 61dB，一周期存在两簇明显的放电信号，且幅值较分散，超声波幅值为 18dB，50Hz 频率成分小于 100Hz 频率成分，判断存在严重绝缘放电（见图 4-79）。

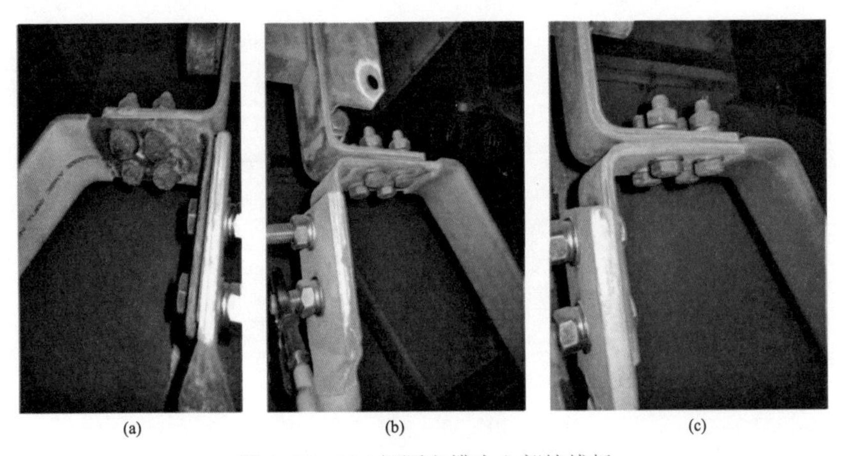

图 4-76　326 间隔电缆头上部接线板

（a）A 相电缆头上部接线板；（b）B 相电缆头上部接线板；（c）C 相电缆头上部接线板

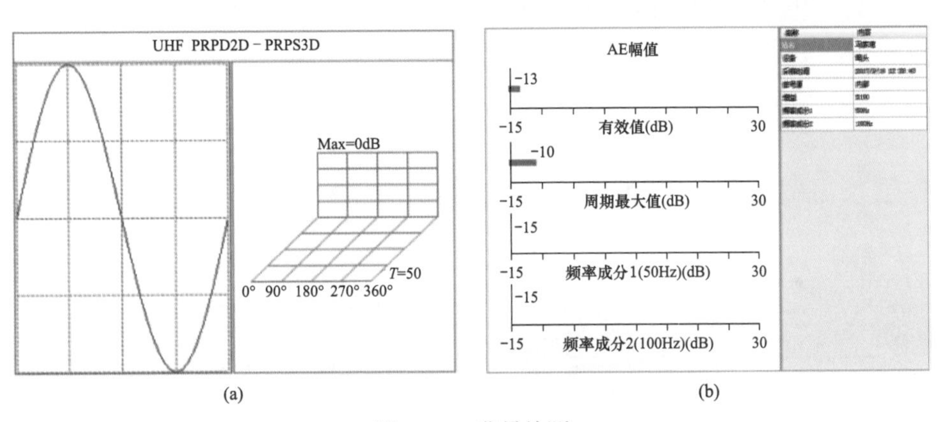

图 4-77　背景检测

（a）特高频检测图谱；（b）超声波检测图谱

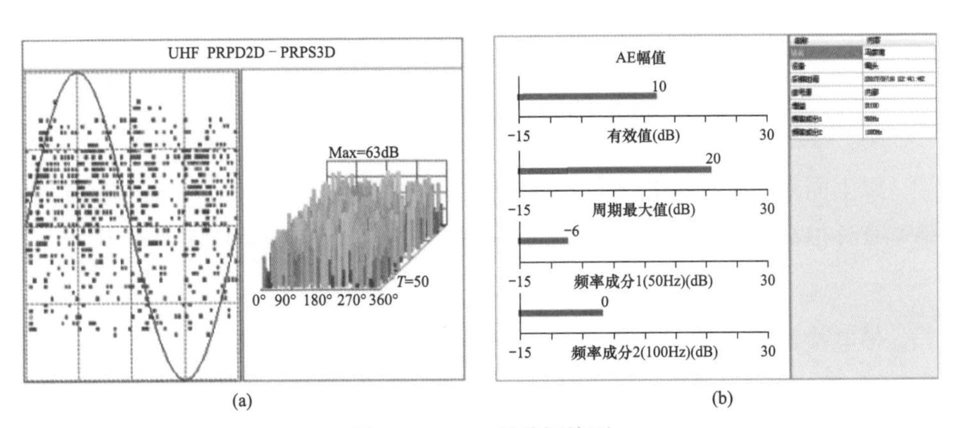

图 4-78　314 开关柜检测

（a）特高频检测图谱；（b）超声波检测图谱

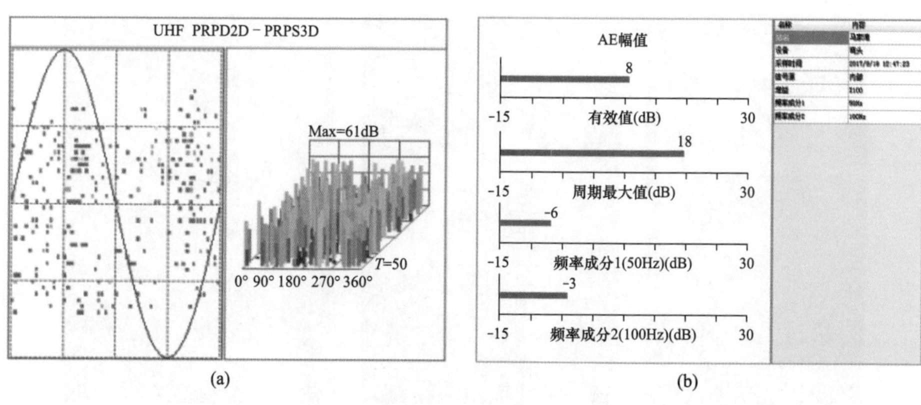

图 4-79　300-2 开关柜检测

（a）特高频检测图谱；（b）超声波检测图谱

（3）302 开关柜特高频幅值为 63dB，一周期存在两簇明显的放电信号，且幅值较分散，超声波幅值为 24dB，50Hz 频率成分小于 100Hz 频率成分，判断存在严重绝缘放电（见图 4-80）。

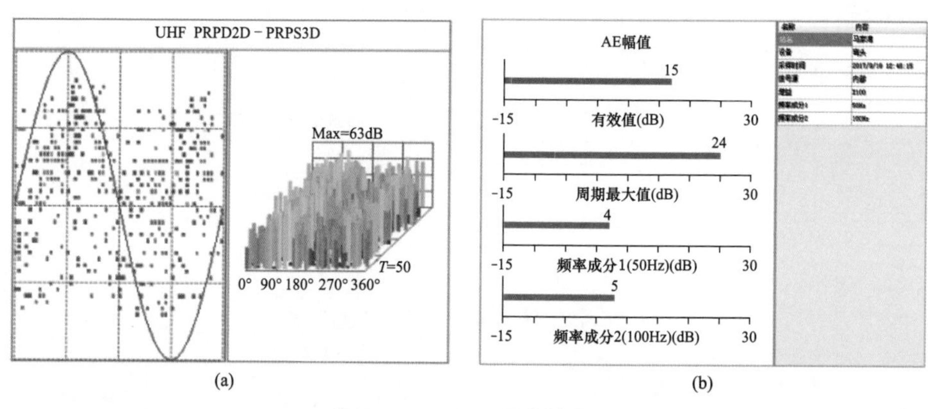

图 4-80　302 开关柜检测

（a）特高频检测图谱；（b）超声波检测图谱

以上间隔局部放电位置均位于开关柜前柜中上部。判断开关柜断路器上触头盒处仍存在不同程度的局部放电现象，与停电处理前相比有所减小。

5. 经验体会

带电检测可有效发现电气设备内部的潜伏性故障或缺陷，暂态地电压、超声波、特高频局部放电带电检测对不同放电类型敏感度不同，测试时应综合各种测试手段综合判断。

对于开关柜的带电检测，若发现特高频局部放电与超声波局部放电同时存在异常信号时，应引起注意。

通过此次停电检查处理，发现该变电站35kV配电室湿度很大，从东西门口向中间湿度明显增加，在长时间的开门通风及排气扇全部开启的情况下，中间区域湿度依然能达到70%，且35kV Ⅰ段出线柜与Ⅱ段出线柜相比柜内明显湿润。由于开关柜内通气、通风不良，造成套管表面湿气大，在强电场的作用下容易产生绝缘放电及表面电晕，引起套管绝缘下降。

在检查处理过程中，对开关柜内的静触头套管进行加热烘干并喷涂PRTV后，耐压试验情况明显好转。但由于开关柜结构原因，只能对开关柜内前部静触头套管进行了干燥处理，干燥处理只是局部完成，存在局限性，而柜内设备整体受潮，因此在投运后个别间隔依然存在放电异响。同时35kV配电室墙面表皮受潮脱落严重，说明整个配电室的墙面和地面防水、防潮性能差。

通过分析，建议为：

（1）加强配电室的通风。配电室空间大、纵深长，只是通过排风机排风显然作用不大，需要借助空调等其他设备加强空气循环。同时，定期开门通风也可以改善内部气体环境。

（2）改善开关柜内设备运行环境。柜内设备处于相对密闭环境，只是通过加热来驱潮效果显然不理想。潮湿的空气不流通，反而加大了设备表面的湿度。按照开关柜的结构加装风扇，加强柜内空气流通，与加热器配合使用效果更好。

（3）改善配电室的光线强度。此次检查发现，光线良好的Ⅱ段出线间隔与Ⅰ段间隔相比柜内明显干燥，柜门内壁和观察窗没有潮气。

【案例2】开关柜三相静触头故障分析

1. 故障简介

2018年7月12日，对某110kV变电站35kV高压室内的开关柜采用PDS-T90特高频检测模式进行普测时，发现301开关柜特高频PRPD/PRPS及周期图谱具有明显的局部放电特征，信号有明显的工频相关性，有典型的悬浮放电特征，并有很大放电声音。

2. 检测分析

如图4-81所示，301开关柜特高频PRPD/PRPS及周期图谱具有明显的

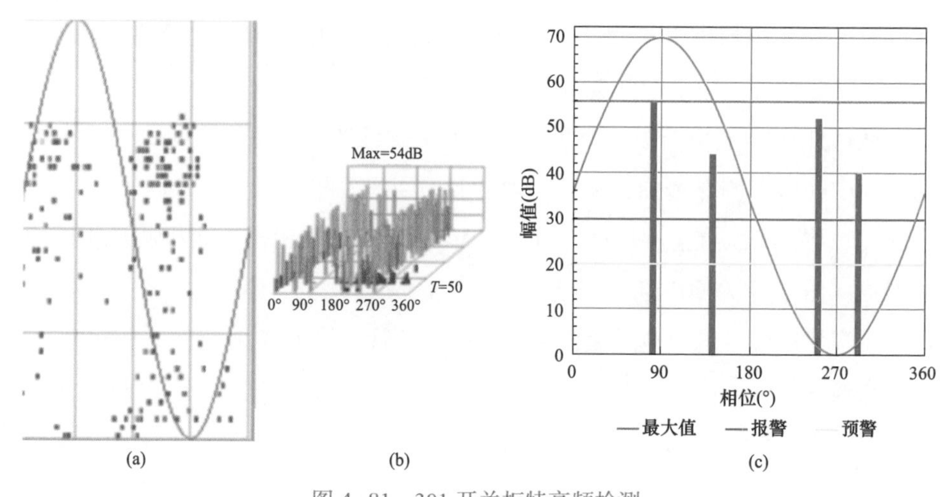

图 4-81　301 开关柜特高频检测

（a）特高频检测相位图谱；（b）特高频检测三维图谱；（c）波形图

局部放电特征（最大值为 64dB）。根据特高频放电图谱，其放电数值较大，属于严重缺陷，需尽快停电处理。

图 4-82　301 开关柜内 A 相静触头导电杆和螺丝严重受潮变色

3. 隐患处理情况

7 月 16 日停电检查，发现 301 开关柜内 A 相静触头导电杆和螺丝严重受潮变色、B 相静触头盒内等位线断裂、三相静触头盒有放电粉末，三相加压至 30kV 都存在放电现象（见图 4-82～图 4-84）。

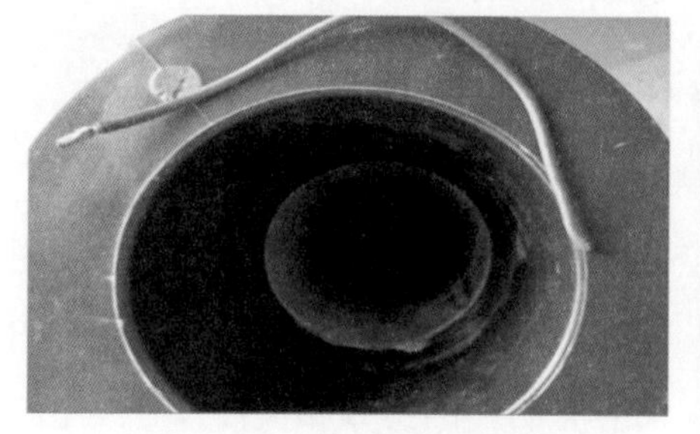

图 4-83　301 开关柜内 B 相静触头盒内等电位线断裂

图 4-84　301 开关柜内三相静触头盒有放电粉末

7 月 16 日当天，变电运检室立即联系厂家备货，经过 4 天的处理后，加压复测合格，19 日成功送电。

【案例 3】开关柜母线侧静触头故障分析

1. 故障简介

2022 年 7 月 13 日，运维人员在某 110kV 变电站巡视时发现，某 35kV 线路 313 间隔开关柜附近存在放电异响。随即通知检修人员对该 35kV 开关柜进行检查测试，检修人员对 35kV 开关柜开展特高频局部放电检测、超声波局部放电检测、暂态地电压局部放电检测。

发现 313 开关柜上柜母线室存在异常特高频局部放电信号，前柜存在异常超声波局部放电信号，通过前观察视窗观察，发现断路器 B 相母线侧静触头存在放电灼烧痕迹，开关柜顶部母线室散热网明显变色并带有杂质，断路器室泄压孔散热网有部分变色。

2. 检测分析

（1）暂态地电压检测数据。313 开关柜暂态地电压检测值如表 4-16 所示，暂态地电压检测值与暂态地电压背景值差值在 20dB 之外为异常，现场检测暂态地电压未见异常。

表 4-16　暂态地电压检测数据

空气背景幅值：0dB；金属背景 1 幅值：9dB；金属背景 2 幅值：13dB；金属背景 3 幅值：15dB					
测点位置	开关柜前柜中部幅值（dB）	开关柜前柜下部幅值（dB）	开关柜后柜上部幅值（dB）	开关柜后柜中部幅值（dB）	开关柜后柜下部幅值（dB）
检测值	12	15	11	13	12

（2）超声波数据分析。如图 4-85 所示，对 313 开关柜上柜母线室缝隙处进行超声波局部放电测试，由检测结果可知超声波图谱具有局部放电特征，信号最大幅值为 30dB，频率成分 1 大于频率成分 2，工频相关性强，脉冲波形相位分布较宽，检测仪耳机中有强烈的放电声响，判断为电晕放电。

如图 4-86 所示，313 开关柜前柜缝隙处进行超声波局部放电测试，由检测结果可知超声波图谱具有局部放电特征，信号最大幅值为 24dB，频率成分 1 大于频率成分 2，工频相关性强，检测仪耳机中有强烈的放电声响，判断为电晕放电。

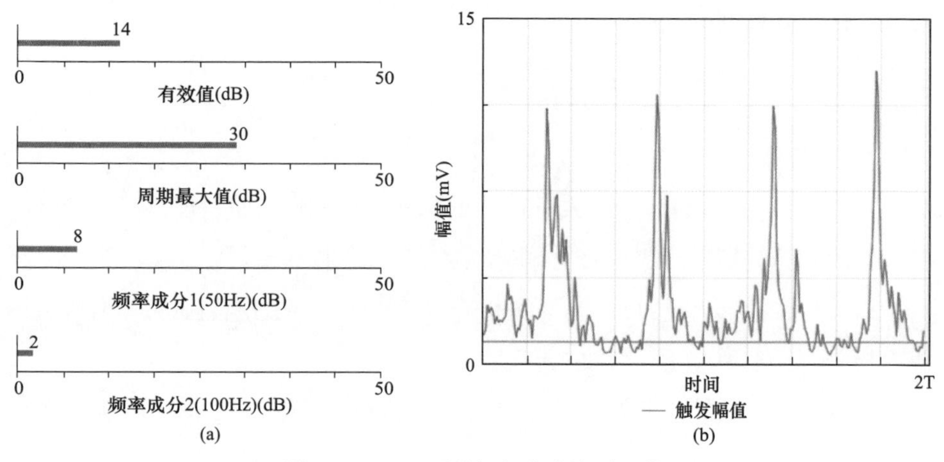

图 4-85　313 开关柜超声波检测图谱

（a）超声波检测幅值图；（b）超声波检测波形图

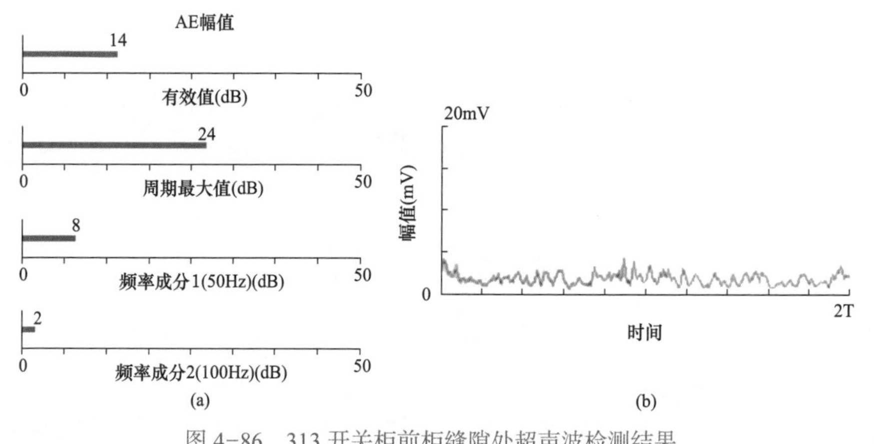

图 4-86　313 开关柜前柜缝隙处超声波检测结果

（a）超声波检测幅值图谱；（b）超声波检测波形图

（3）特高频数据分析。

由图 4-87 可知，背景图谱未见异常。母线室特高频 PRPD/PRPS 图谱具有局部放电特征，信号最大幅值为 52dB，具有工频相关性，周期图谱显示每周期内出现一簇放电脉冲信号，具有电晕放电特征。前柜特高频 PRPD/PRPS 图谱具有局部放电特征，信号最大幅值为 52dB，具有工频相关性，周期图谱显示每周期内出现一簇放电脉冲信号，具有电晕放电特征。

综合以上数据分析，检测结论为：

（1）暂态地电压局部放电检测未见异常。

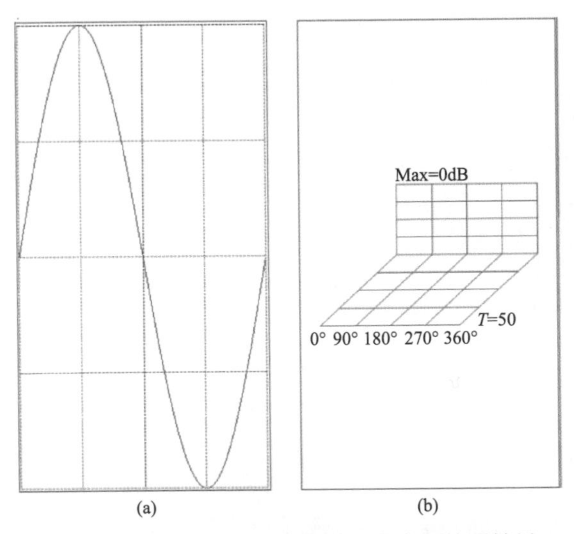

图 4-87　313 开关柜前柜缝隙处特高频检测结果

（a）特高频检测相位图谱；（b）特高频检测三维图谱

（2）在 313 开关柜检测到异常超声波、特高频局部放电信号，母线室超声波最大幅值为 30dB，特高频最大幅值为 54dB（高通），开关柜前柜超声波最大幅值为 24dB，未检测到特高频信号，结合超声波和特高频检测数据，综合判断信号具有电晕放电特征。

（3）建议配合母线停电检查处理。

3. 隐患处理情况

2022 年 7 月 14 日，对 313 开关柜进行停电检查，现场发现 313 开关柜母线侧静触头均有明显受潮及放电痕迹（见图 4-88）。

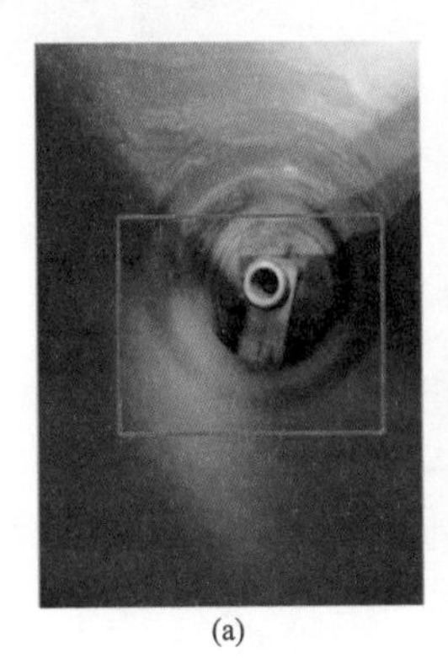

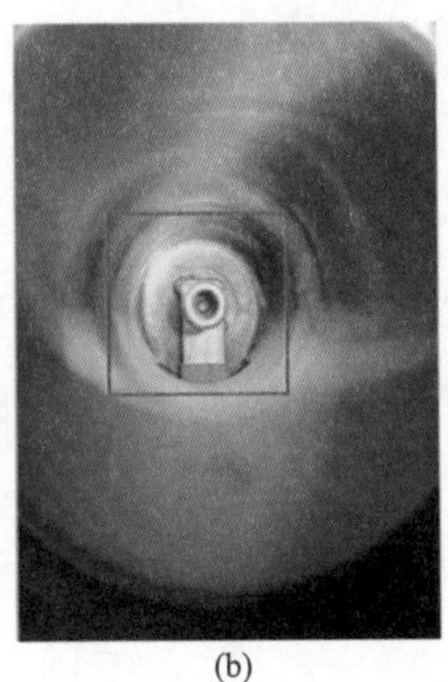

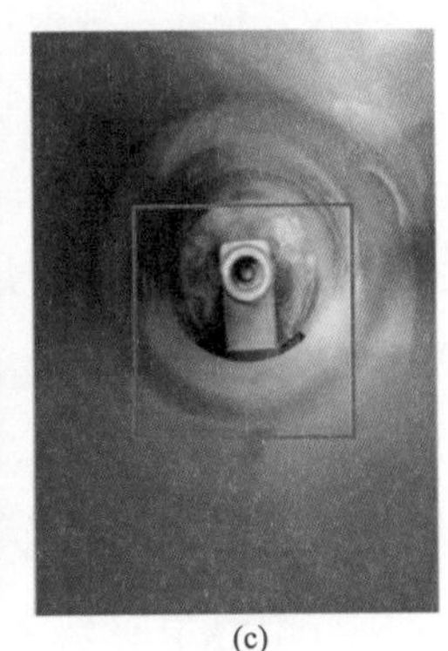

(a)　(b)　(c)

图 4-88　313 开关柜三相母线侧静触头

（a）A 相静触头；（b）B 相静触头；（c）C 相静触头

图 4-89　313 开关柜静触头套管

同时，发现静触头套管处存在大量疑似受潮后结晶体（图 4-89）。

313 开关柜热备、冷备情况下，超声波及特高频局部放电检测信号无变化，将母线停电进行诊断性试验，对 35kV Ⅰ母进行耐压试验，加至 20kV 时发生多处放电现象（见图 4-90）。

(a)

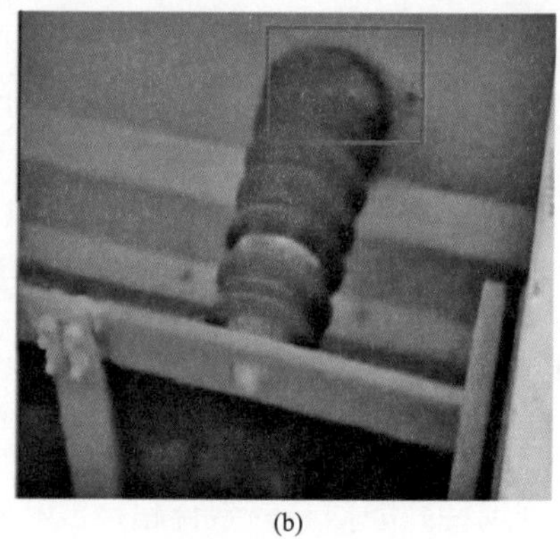

(b)

(c)

图 4-90　313 开关柜耐压放电现场图片

（a）A 相套管；（b）B 相套管；（c）C 相套管

绝缘电阻 A 相为 0.26MΩ，绝缘电阻 B 相为 0.29MΩ，绝缘电阻 C 相为 0.18MΩ，绝缘电阻测试不合格，将母线室内支柱绝缘子拆除后，发现绝缘子存在击穿痕迹（见图 4-91）。

同时，连接母排发现多处锈蚀及放电痕迹（见图 4-92）。

313 开关柜母线侧静触头解体后发现大量碎屑其分布情况如图 4-93 所示。

将 313 开关柜电缆倒接至备用线 322 开关柜后，拆除 313 开关柜母线侧静触头与母线连接，再次进行绝缘电阻及耐压试验，试验结果合格，恢复送电。

图 4-91　313 开关柜母线室内支柱绝缘子

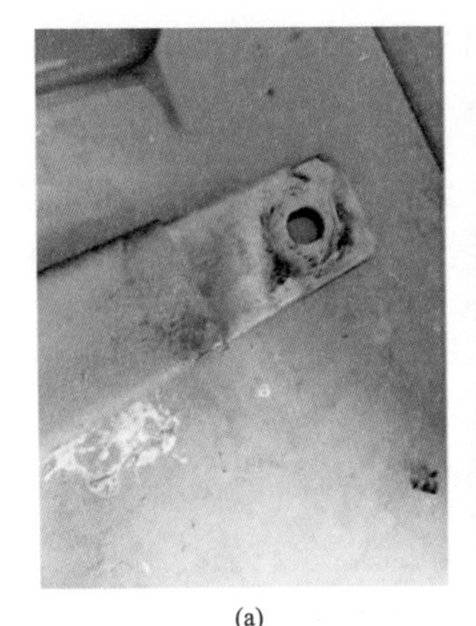

(a)

(b)

图 4-92　313 开关柜内部腐蚀情况

（a）母线侧母排；（b）静触头腐蚀情况

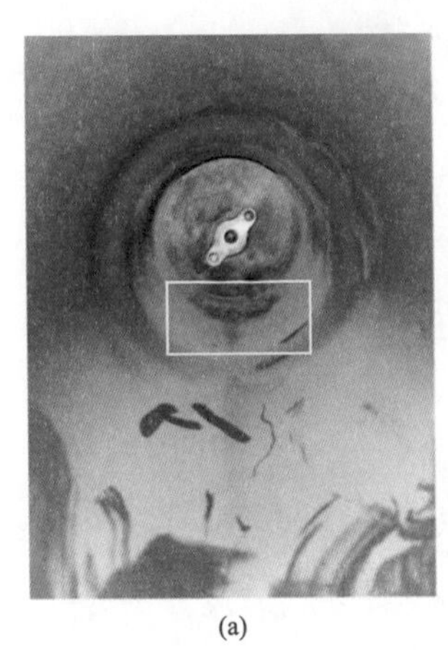

(a)

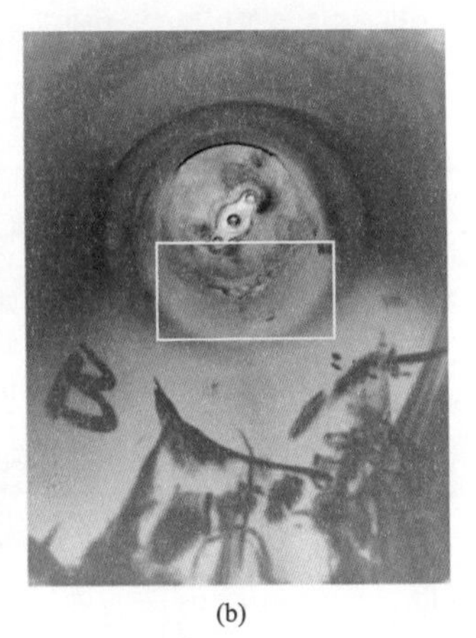

(b)

图 4-93　313 开关柜母线侧静触头碎屑

（a）A 相静触头；（b）B 相静触头

结合检查及测试结果分析，初步判断 313 开关柜长时间带电运行情况下，可能因潮气反送导致静触头对受潮的静触头盒内壁放电，环氧树脂材料绝缘劣化，支柱绝缘子多点放电，静触头盒内部的金属屏蔽层在绝缘薄弱点发生局部放电，同时不排除绝缘件工艺质量问题。

【案例 4】开关柜内线接头脱落故障分析

1. 故障简介

某 110kV 变电站于 2007 年 6 月投运，10kV Ⅱ母电压互感器 52-9 开关柜型号为 KYN36A−12（Z），出厂日期为 2012 年 6 月，投运日期为 2012 年 11 月。

2022 年 9 月 29 日，该变电站 10kV 开关柜带电检测过程中发现 10kV Ⅱ母电压互感器 52−9 开关柜存在异常放电现象，局部放电测试结果呈现悬浮放电特征。9 月 30 日，开展复测，放电点定位于 52−9 开关柜母线室内，局部放电幅值较大，判断需尽快处理。

2. 检测分析

（1）暂态地电压检测数据分析。10kV Ⅱ母电压互感器 52−9 开关柜暂态地电压检测值如表 4−17 所示，根据规程规定，检测值与金属背景值相对值大于等于 20dB 为异常，后上柜暂态地电压检测数据异常。

表 4−17 10kV Ⅱ母电压互感器 52−9 开关柜断路器柜暂态地电压检测数据

空气背景幅值：0dB；金属背景 1 幅值：10dB；金属背景 2 幅值：12dB；金属背景 3 幅值：14dB					
测点位置	开关柜前柜中部幅值（dB）	开关柜前柜下部幅值（dB）	开关柜后柜上部幅值（dB）	开关柜后柜中部幅值（dB）	开关柜后柜下部幅值（dB）
检测值	15	18	54	18	16

（2）超声波数据分析。如图 4−94 所示，针对 10kV Ⅱ母电压互感器 52−9 开关柜上柜母线室缝隙处进行超声波局部放电测试，由检测结果可知，超声波图谱具有局部放电特征，信号最大幅值 25dB，频率成分 1 大于频率成分 2，工频相关性强，脉冲波形相位分布较宽，检测仪耳机中有强烈的放电声响，判断为悬浮放电。

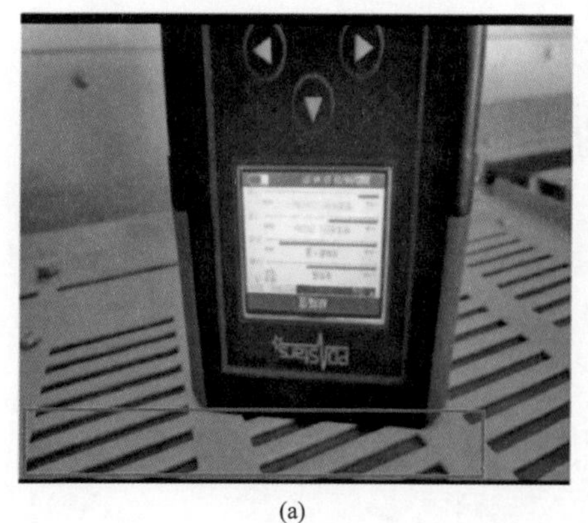

(a)

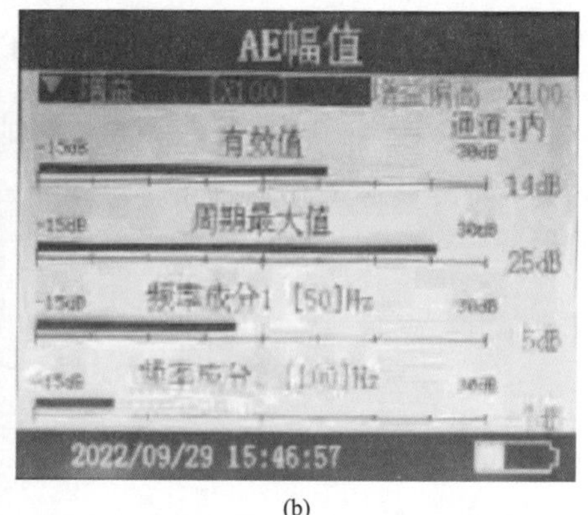

(b)

图 4−94　母线室超声波检测

（a）现场测试图；（b）超声波幅值

9月30日，开展复测，放电点定位于52-9开关柜母线室内，定位结果如图4-95所示。

图4-95　放电点定位

（3）特高频数据分析。如图4-96所示，母线室特高频PRPD/PRPS图谱具有局部放电特征，信号最大幅值59dB，信号具有工频相关性，周期图谱显示每周期内出现两簇放电脉冲信号，具有悬浮放电特征。

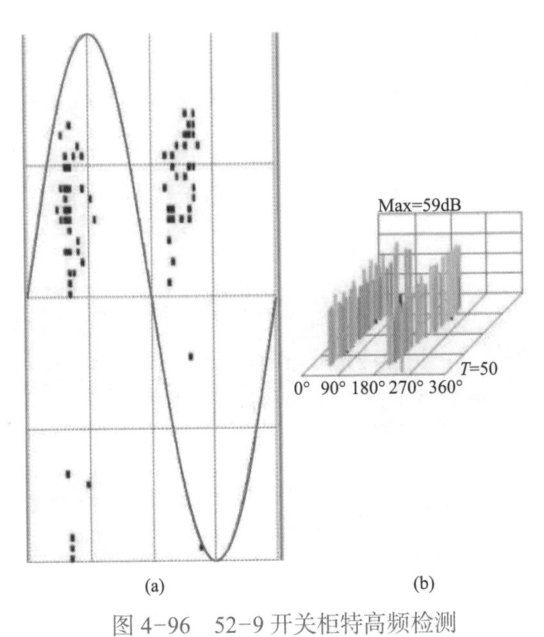

图4-96　52-9开关柜特高频检测

（a）特高频检测相位图谱；（b）特高频检测三维图谱

3. 隐患处理情况

9 月 30 日晚，将该变电站 10kV Ⅱ母母线及 10kV Ⅱ母电压互感器开关柜转检修后，打开 52-9 开关柜母线室顶部盖板检查，发现 C 相母线带电显示器传感器二次接线的接头分离，且公头端部存在铜绿色锈蚀，下方存在黑色放电灼烧痕迹，如图 4-97 所示。

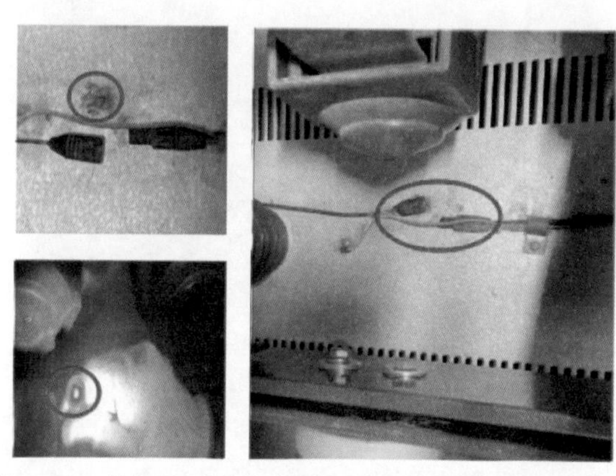

图 4-97　带电显示器传感器二次线接头分离及放电痕迹

检修人员对二次接线公头锈蚀部分进行清理、调整接线走向，恢复接线并缠绕绝缘胶带进行加固（见图 4-98）。对 10kV Ⅱ母母线全线异形盒、支柱绝缘子、固定螺栓等进行检查清理后，对 10kV Ⅱ母母线进行绝缘电阻试验及交流耐压试验，绝缘电阻 A 相为 12000MΩ，绝缘电阻 B 相为 13000MΩ，绝缘电阻 C 相为 15000MΩ，测试合格。交流耐压试验加至 34kV/1min 通过，交流耐压试验合格。

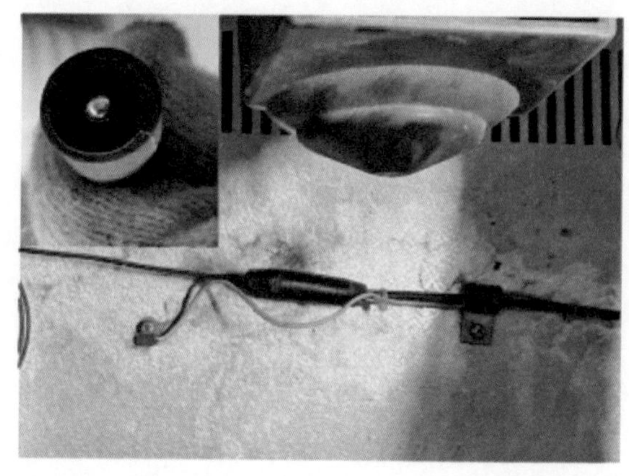

图 4-98　带电显示器传感器二次线接头处理恢复情况

10月1日凌晨，10kV Ⅱ母母线恢复送电，送电后设备运行正常。10月2日，试验人员对10kV Ⅱ母母线进行局部放电复测，检测结果合格。

处理过程中，检查带电显示器传感器二次线公头与母头两侧导线受力情况，发现两侧导线均处于不同程度绷紧的状态，二次线走向布置不合理，两侧导线在长期受到反向拉力和开关柜振动的双重作用下，公头与母头发生脱离，连接传感器的公头端部裸露导电部分对母线室底板放电。

4. 经验体会

10～35kV开关柜母线因停电困难等原因普遍存在长期未停电检修现象，设备检修试验存在一定盲区，对开关柜母线运行状态掌握不全面。

梳理10～35kV开关柜母线停电检修周期，对于具备停电条件的开关柜母线，制定检修计划逐步开展停电检查试验，重点检查带电显示器传感器接线、穿柜套管屏蔽线是否连接良好，母线室内部导体接触面固定螺栓是否紧固良好，结合交流耐压及绝缘电阻试验等手段综合研判绝缘护套、异形盒、支柱绝缘子等绝缘件状态，对不符合要求的及时更换。

【案例5】开关柜穿屏套管等电位线故障分析

1. 故障简介

2015年11月30日，电气人员对110kV变电站35kV开关柜进行超声波（AE）、暂态地电压（TEV）、特高频（UHF）局部放电联合带电测试，发现“35kV Ⅱ母电压互感器”开关柜特高频放电信号幅值为57dB，暂态地电压信号36dB。

通过定位分析，最终判断信号来自开关柜内三相穿屏套管等电位线位置，为三相多点放电，放电痕迹明显。

2. 检测分析

2015年11月30日，使用PDS-T90型局部放电测试仪，采用超声波、暂态地电压、特高频巡检仪对该35kV高压室开关柜进行局部放电带电巡检普测。

（1）超声波检测。“35kV Ⅱ母电压互感器”开关柜超声波幅值信号正常，频率成分2和频率成分1未见异常，初步判断超声检测正常（见图4-99）。

（2）暂态地电压检测。通过暂态地电压检测，发现大部分开关柜上暂态地电压幅值达到36dB，判断存在局部放电现象。

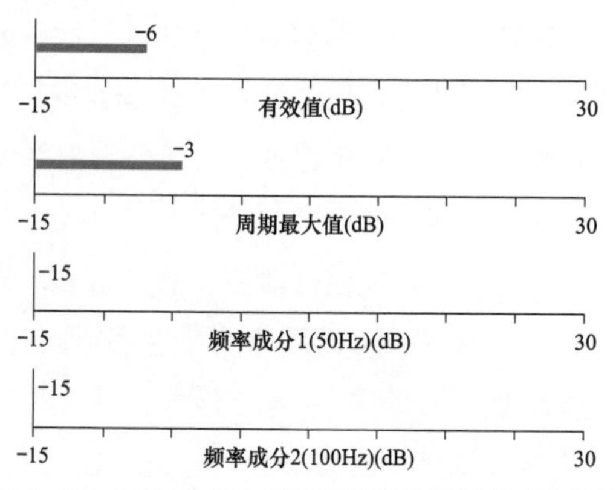

图 4-99　35kV Ⅱ母电压互感器开关柜超声波幅值图

（3）特高频检测。使用 PDS-T90 对 35kV Ⅱ母电压互感器开关柜进行特高频测试，发现异常特高频信号。该处特高频达到最大值，信号幅值为 57dB，特高频信号工频相关性强，每周期多簇信号，每簇信号大小参差不同，初步判断为多点绝缘放电。需要进行精确定位，确定信号精确位置（见图 4-100 和图 4-101）。

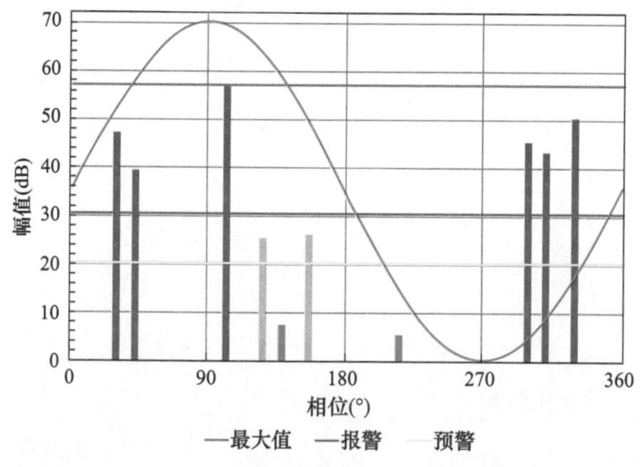

图 4-100　35kV Ⅱ母电压互感器开关柜特高频周期图谱

（4）特高频法定位。使用 PDS-G1500，采用特高频法，对 35kV Ⅱ母电压互感器开关柜进行精确定位。图 4-102 和图 4-104 示出了放置传感器的位置，图 4-103 和图 4-105 所示为柜前横向定位波形和纵向定位波形。

35kV Ⅱ母电压互感器开关柜存在多点绝缘放电，信号源位于开关柜下部柜体中部三相穿屏套管位置。

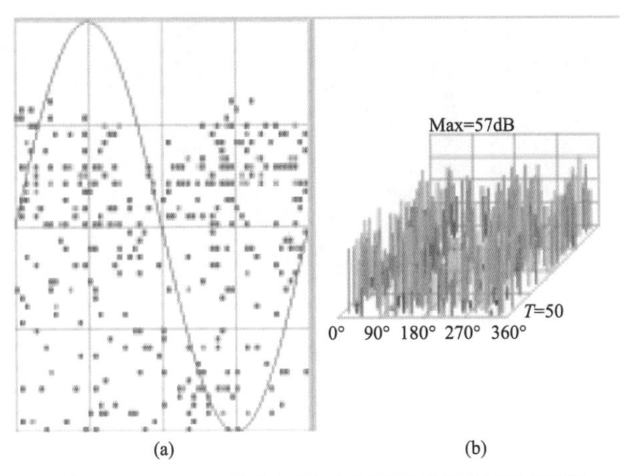

图 4-101　35kV Ⅱ母电压互感器开关柜特高频检测

（a）特高频检测相位图谱；（b）特高频检测三维图谱

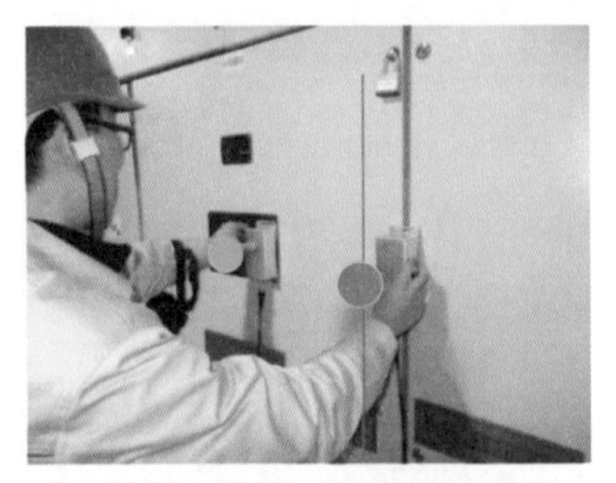

图 4-102　柜前横向定位图

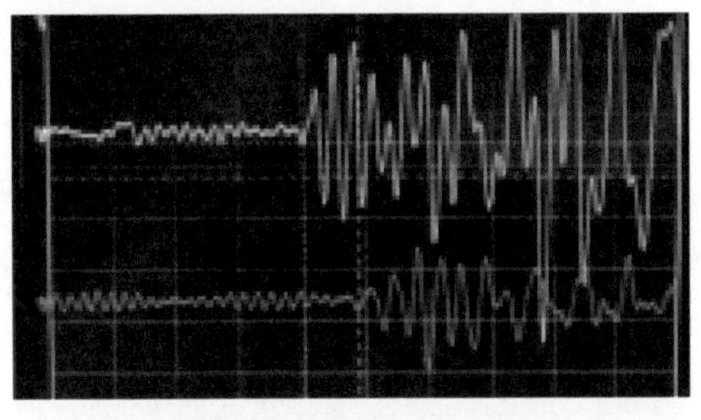

图 4-103　柜前横向定位波形

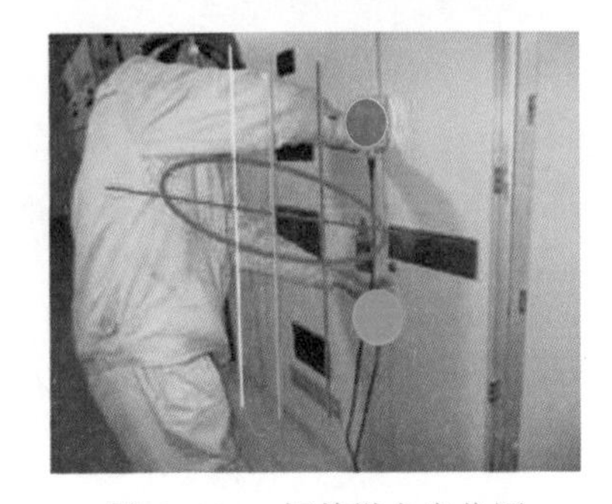

图 4-104　柜前纵向定位图

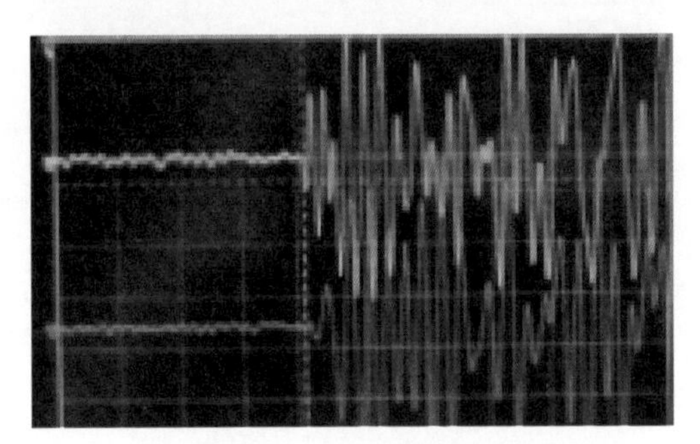

图 4-105　柜前纵向定位波形

3. 隐患处理情况

检修人员结合停电检修计划，对 35kVⅡ段开关柜进行全面检查。停电检修后发现 35kVⅡ母电压互感器三相母排穿屏套管处等电位线存在放电痕迹（见图 4-106）。

(a)

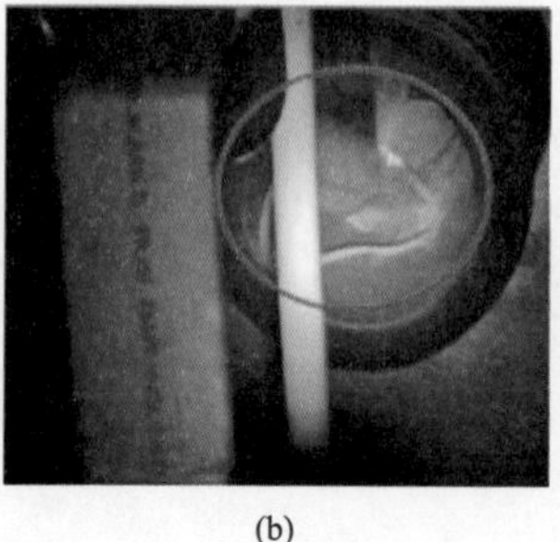

(b)

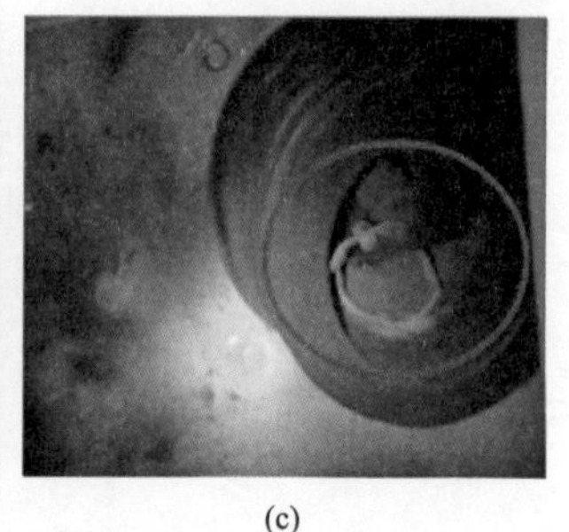

(c)

图 4-106　三相母排穿屏套管处等电位线放电

（a）A 相母排穿屏套管；（b）B 相母排穿屏套管；（c）C 相母排穿屏套管

【案例 6】开关柜穿屏套管前端母排连接故障分析

1. 故障简介

2016 年 5 月 24 日，电气人员对某 110kV 变电站 35kV 开关柜进行超声波（AE）、暂态地电压（TEV）、特高频（UHF）局部放电联合带电测试，发现 35kV 314 开关柜、311 开关柜、313 开关柜特高频存在放电信号，幅值最大为 54dB，暂态地电压信号幅值异常，为 45dB，超声检测正常。

通过特高频定位分析，最终判断信号来自开关柜下部穿屏套管前端母排连接处，放电类型为绝缘及悬浮放电，放电部位出现粉末，痕迹明显，建议尽快处理。

2. 检测分析

2016 年 5 月 24 日，使用 PDS-T90 型局部放电测试仪，采用超声波、暂态地电压、特高频巡检仪对某变电站 35kV 高压室开关柜进行局部放电带电巡检普测。

（1）超声波检测。对 314 开关柜、311 开关柜、313 开关柜进行超声普测，超声未发现异常，如图 4-107 所示。

（2）暂态地电压检测。暂态地电压为背景值为 17dB，这 3 个开关柜幅值为 40～45dB，暂态地电压测试幅值超过环境 20dB 以上，判断暂态地电压测试异常，存在局部放电现象。

（3）特高频检测。使用 PDS-T90 对 314 开关柜、311 开关柜、313 开关柜进行特高频测试，都测到异常局部放电信号（见图 4-108～图 4-110）。

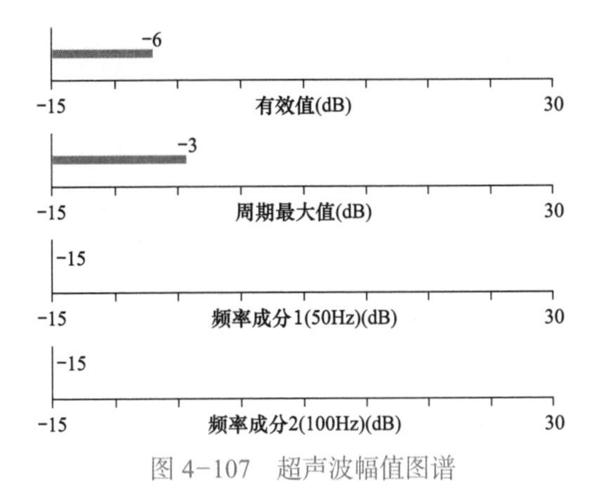

图 4-107 超声波幅值图谱

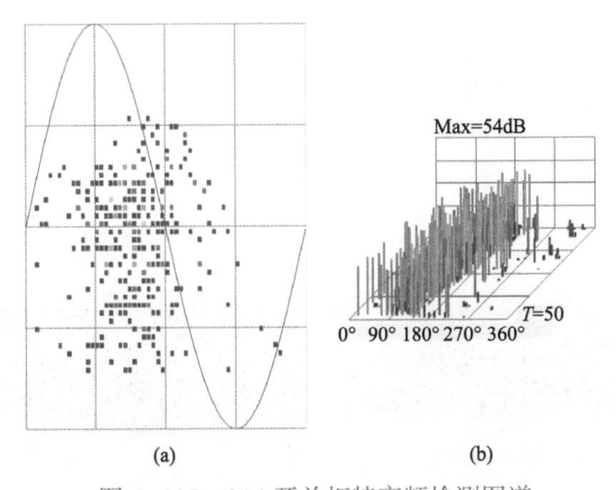

图 4-108 314 开关柜特高频检测图谱

（a）314 开关柜特高频检测相位图谱；（b）314 开关柜特高频检测三维图谱

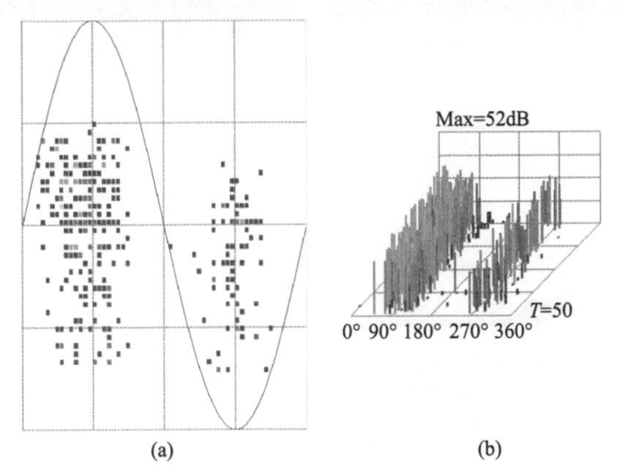

图 4-109 311 开关柜特高频检测图谱

（a）311 开关柜特高频检测相位图谱；（b）311 开关柜特高频检测三维图谱

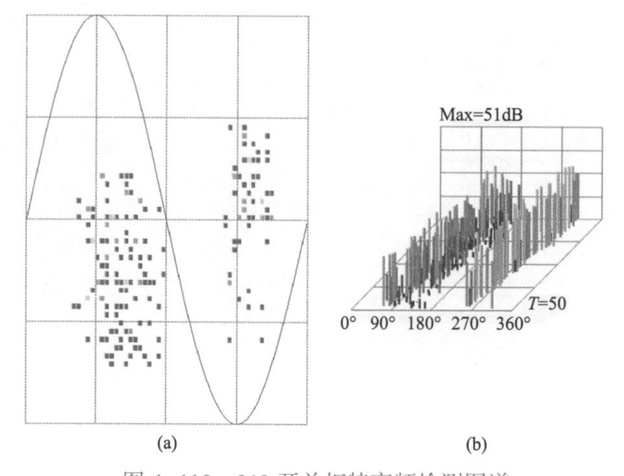

图 4-110　313 开关柜特高频检测图谱

（a）313 开关柜特高频检测相位图谱；（b）313 开关柜特高频检测三维图谱

（4）特高频时差定位。使用 PDS-G1500 特高频时差方式对 314 开关柜、311 开关柜、313 开关柜进行精确定位，定位过程如图 4-111 所示。

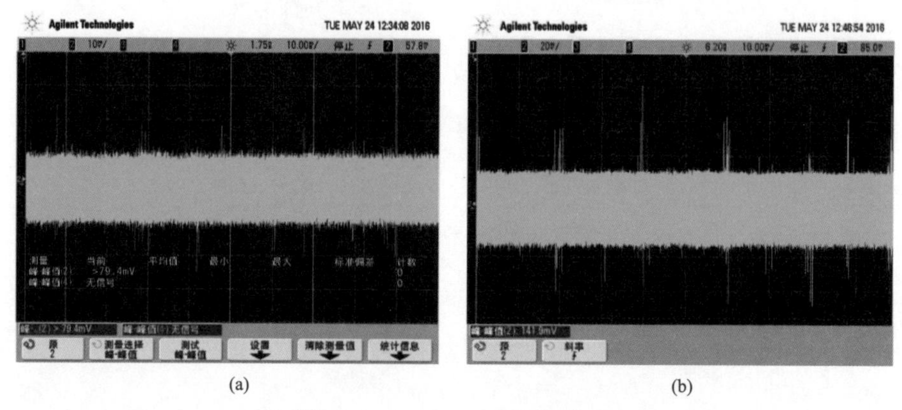

图 4-111　10ms 示波器波形图

（a）第一次特高频定位波形图；（b）第二次特高频定位波形图

如图 4-111 所示，示波器 10ms 波形图一个工频周期（20ms）内出现两簇放电脉冲信号，信号大小分布不均，具有绝缘及悬浮放电特征，幅值最大为 560mV，幅值相对较大，建议跟踪测试，尽快处理。

（5）横向定位。两传感器位置如图 4-112 所示，由定位波形可见绿色传感器波形与红色传感器波形基本重合，说明放电源在两传感器之间的中垂面上，即图 4-112（a）所示蓝线所在平面上。

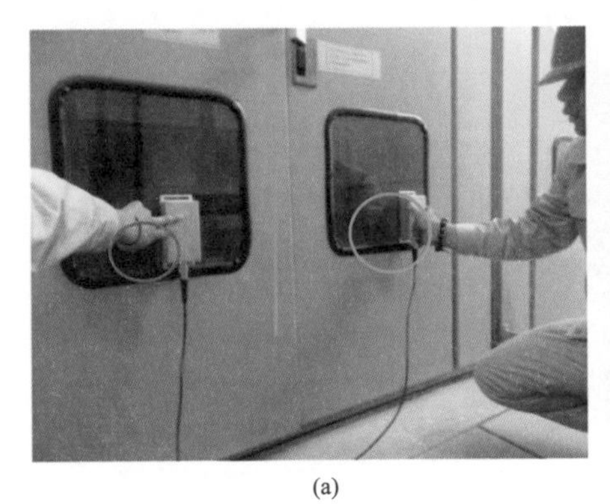

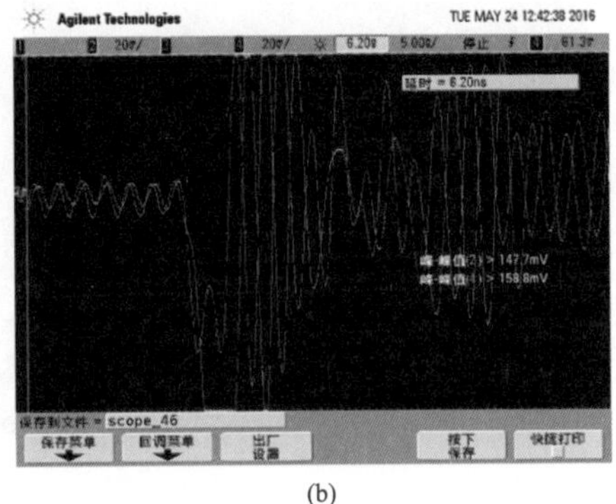

(a)　　　　(b)

图 4-112　特高频横向定位

（a）定位传感器位置；（b）特高频定位波形图

（6）高度定位。两传感器位置如图 4-113 所示放置，由定位波形可见绿色传感器波形与红色传感器波形基本重合，说明放电源在两传感器之间的中垂面上，即图 4-113（a）所示蓝线所在平面上。结合上述定位过程综合判断放电源位置在图 4-114 所示红圈标示内。

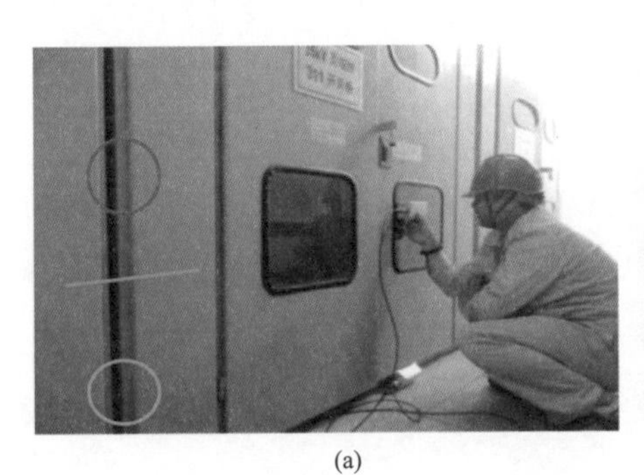

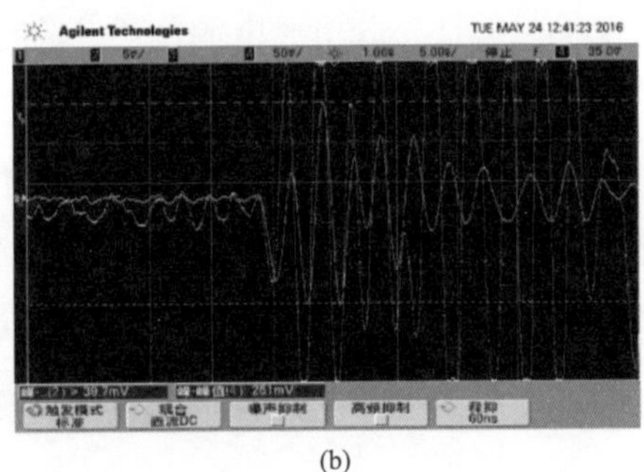

(a)　　　　(b)

图 4-113　特高频纵向定位

（a）定位传感器位置；（b）特高频定位波形图

根据定位位置和开关柜结构，判断 314 开关柜、311 开关柜、313 开关柜存在绝缘及悬浮放电，定位位置在开关柜下部 B 相穿屏套管母排连接处。

3. 隐患处理情况

根据放电源定位位置，结合开关柜结构进行放电部位查找，在 314 开关柜、311 开关柜、313 开关柜下部 B 相母排连接穿屏套管处均发现不同深度的放电痕迹，下方地面均有金属粉末和油渍，如图 4-115 所示。

图 4-114　局部放电源现场位置图

图 4-115　放电痕迹

【案例 7】开关柜内可分离连接器故障分析

1. 故障简介

2022 年 2 月 25 日对某 110kV 变电站 2 号主变压器 35kV 侧 302 开关柜异常放电信号进行诊断分析，采用 DFA 局部放电巡检仪、EC4000P 手持式多功能局部放电检测仪、ALCamera 声学成像系统、EA 暂态地电压测试仪对异常信号进行多手段检测分析，确认异常放电信号来源于 302 开关柜内部，依据放电信号特征，分析放电源位于开关柜内可分离连接器处。

2. 检测分析

（1）超声波局部放电检测。采用 DFA-300 局部放电巡检仪对 302 开关柜及临近电压互感器开关柜进行局部放电检测，相应的传感器布置方式及相应的局部放电检测图谱如图 4-116 和图 4-117 所示。

基于图 4-117 超声波局部放电检测结果可知，测点 3～测点 6 超声波局部

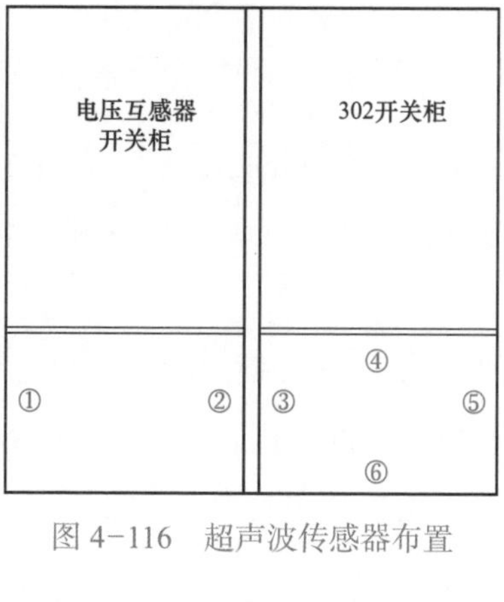

图 4-116　超声波传感器布置

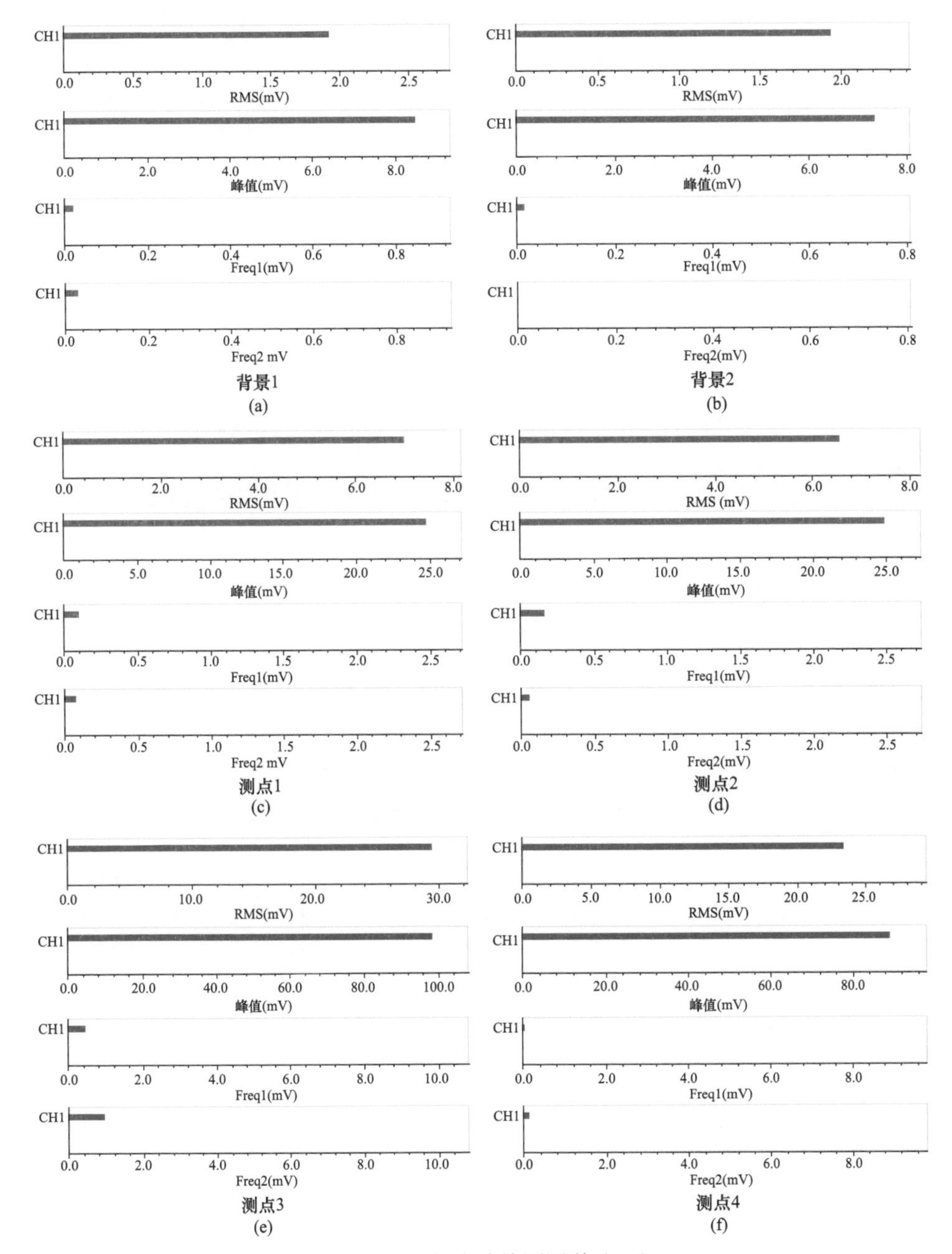

图 4-117　超声波检测图谱（一）

（a）超声波检测背景 1 幅值图谱；（b）超声波检测背景 2 幅值图谱；（c）超声波检测测点 1 幅值图谱；（d）超声波检测测点 2 幅值图谱；（e）超声波检测测点 3 幅值图谱；（f）超声波检测测点 4 幅值图谱

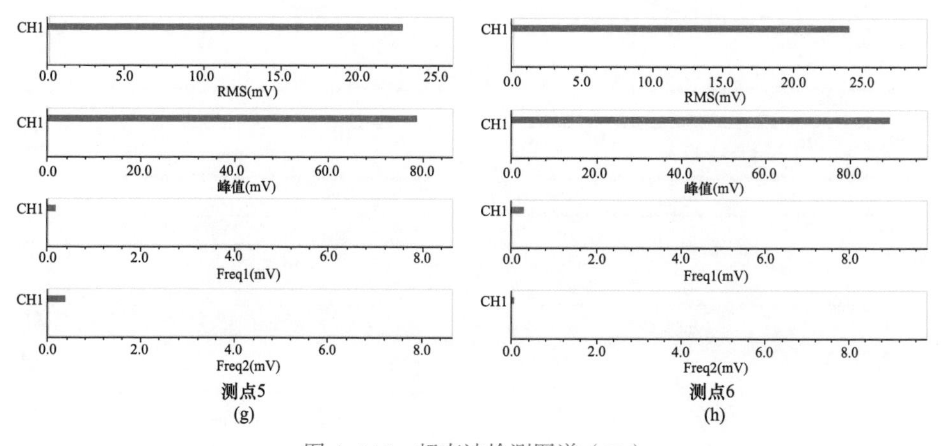

图 4-117　超声波检测图谱（二）

（g）超声波检测测点 5 幅值图谱；（h）超声波检测测点 6 幅值图谱

放电检测幅值同背景检测幅值相差约 10 倍，其中测点 3 有效值、峰值最大，分别为 29、98mV，且频率分量 2 大于频率分量 1，放电类型呈现绝缘类、悬浮类放电特征。

（2）特高频局部放电检测。采用 EC4000P 局部放电巡检仪对 302 开关柜及邻近电压互感器开关柜进行特高频局部放电检测，相应的传感器布置方式及相应的局部放电检测图谱如图 4-118 和表 4-18 所示。

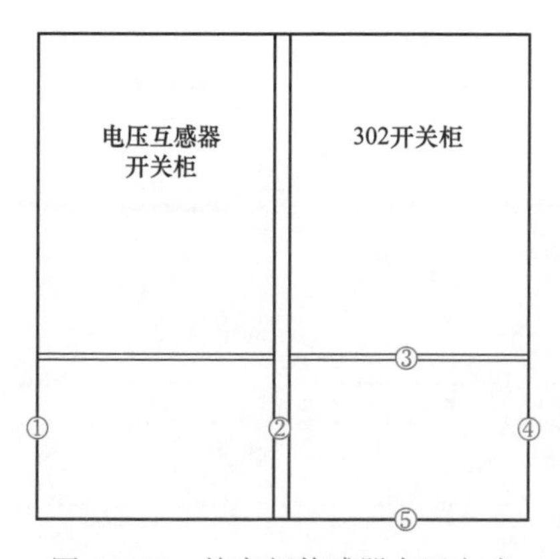

图 4-118　特高频传感器布置方式

基于表 4-18 检测结果可知，测点 1 局部放电特征不明显，测点 2、测点 4 特高频局部放电特征最明显，同背景值相差 22dVmV，放电相位分布范围较宽，放电中同时存在绝缘类放电与悬浮类放电特征。

表 4-18　　　　　　　　　　　　特高频局部放电检测图谱

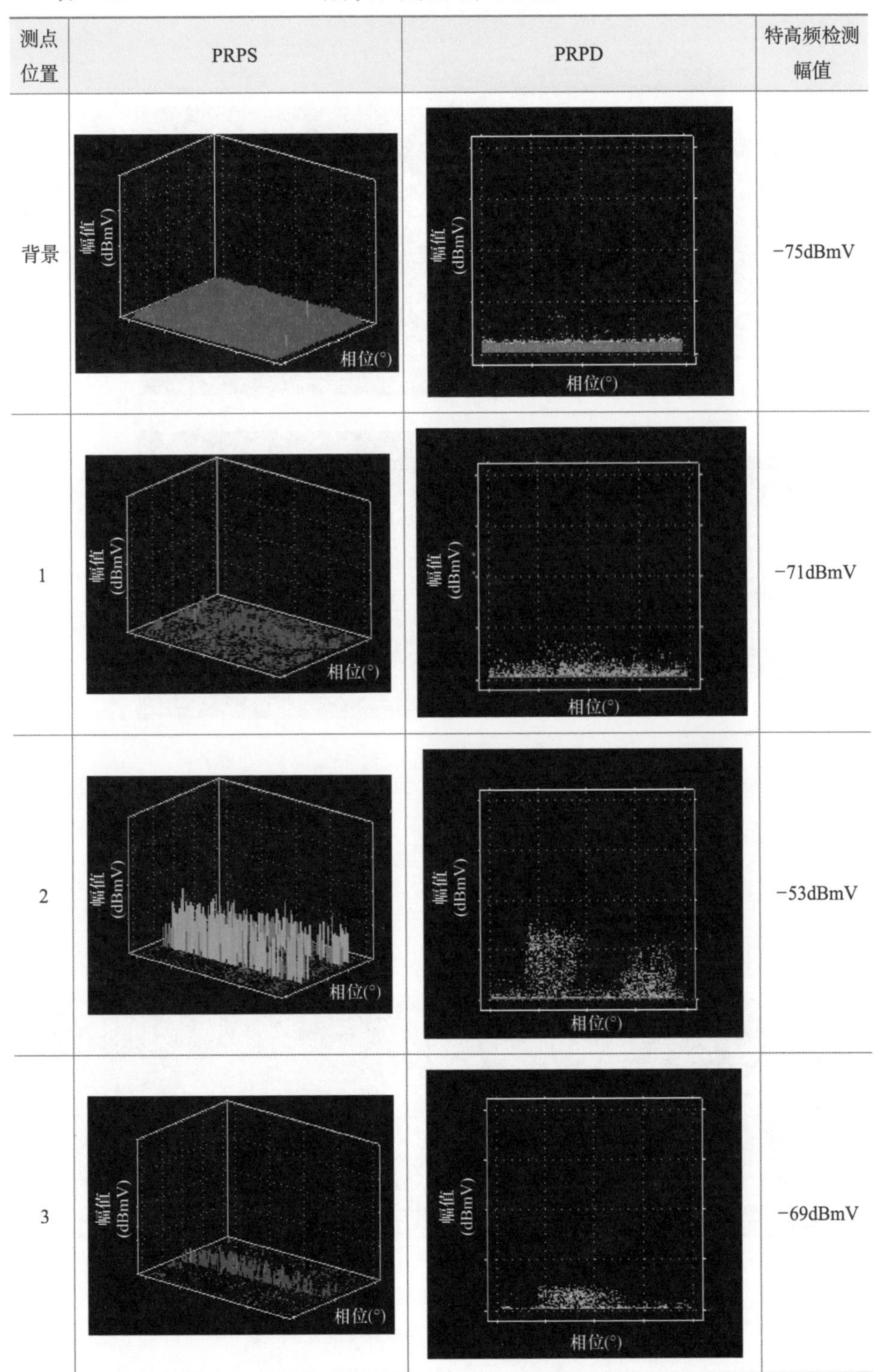

测点位置	PRPS	PRPD	特高频检测幅值
背景			−75dBmV
1			−71dBmV
2			−53dBmV
3			−69dBmV

续表

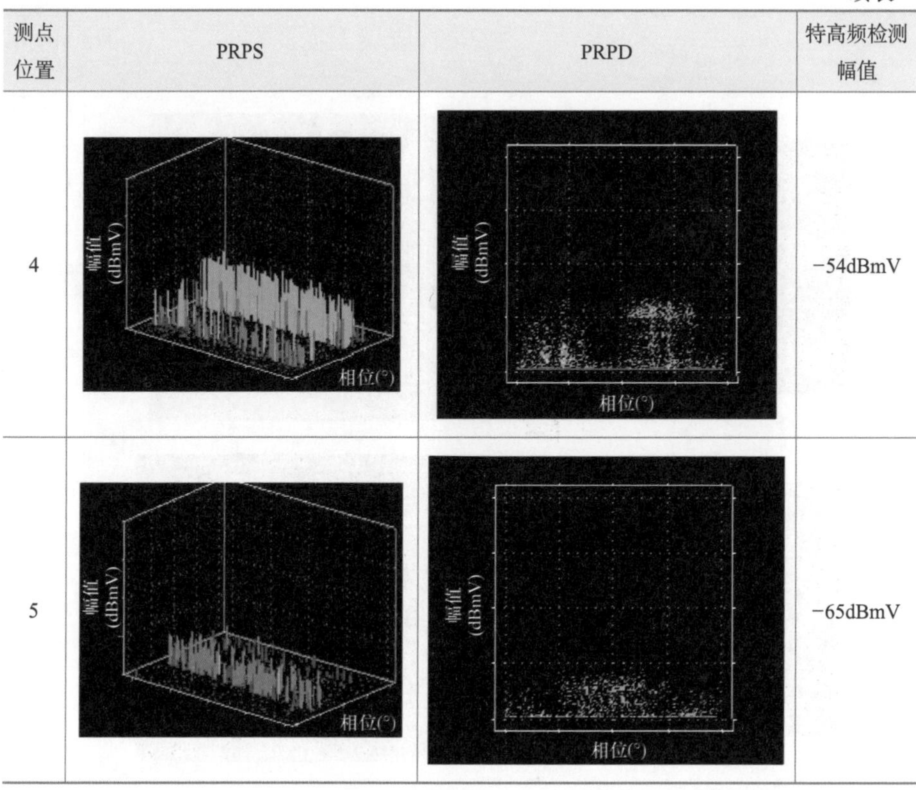

测点位置	PRPS	PRPD	特高频检测幅值
4	幅值(dBmV) 相位(°)	幅值(dBmV) 相位(°)	−54dBmV
5	幅值(dBmV) 相位(°)	幅值(dBmV) 相位(°)	−65dBmV

（3）声学成像检测。采用 ALCmera 声学成像仪对 302 开关柜柜前、柜后进行声学成像检测，发现 302 开关柜上方缝隙存在明显的声音集中点，可以确认柜内异常声音来源于 302 开关柜电缆分接气室。相应的检测图谱如图 4−119 所示。

(a)　　(b)

图 4−119　声学成像检测

（a）302 开关柜上柜；（b）302 开关柜上方缝隙

（4）暂态地电压局部放电检测。302 开关柜历史巡检数据最大值为 20dBmV，本次采用同款检测仪器 EA 暂态地电压测试仪对 302 开关柜及邻近电压互感器开关柜、322 开关柜进行暂态地电压局部放电检测，相应的检测位置及相应的局部放电检测结果如图 4-120 所示。

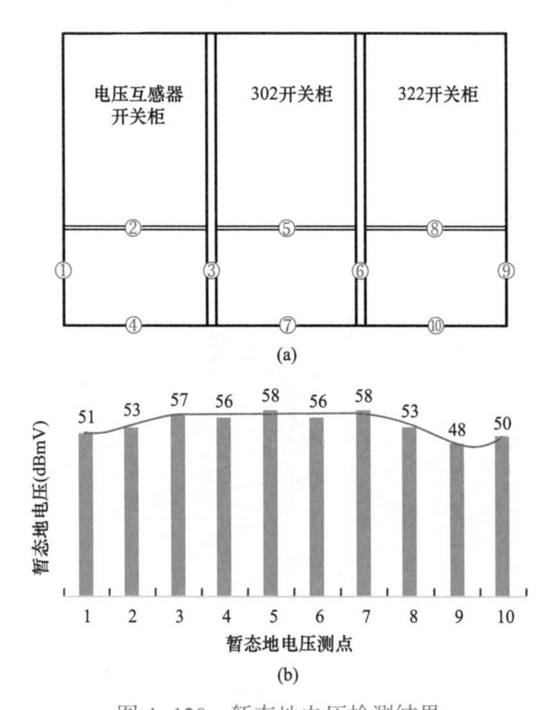

图 4-120　暂态地电压检测结果

（a）暂态地电压测点布置；（b）不同测点暂态地电压检测幅值

由图 4-120 暂态地电压检测结果可知，异常开关柜及邻近开关柜暂态地电压检测幅值较高，幅值为 48～58dBmV，最大值为位于测点 5 与测点 7，为 58dBmV。

3. 电场仿真分析

开关柜柜内布置结构如图 4-121 所示，分析局部放电来源 302 开关柜内可分离连接器，如图 4-122 所示，对以下 6 种可分离连接器典型缺陷进行电场仿真。

（1）所有部件及其装配都正常，内部无缺陷，相应的电场强度最大值为 2kV/mm（见图 4-123）。

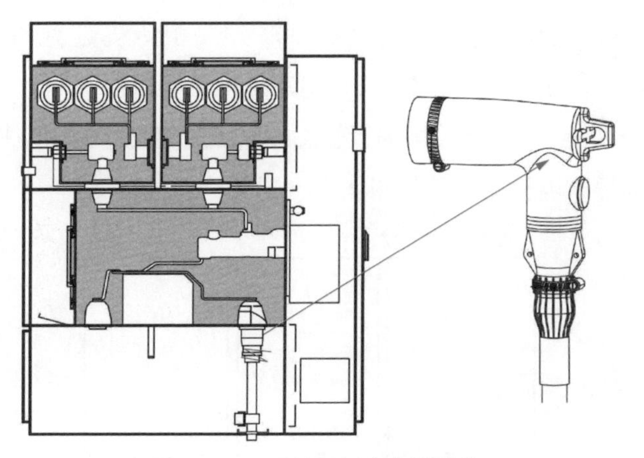

图 4-121　开关柜柜内布置结构

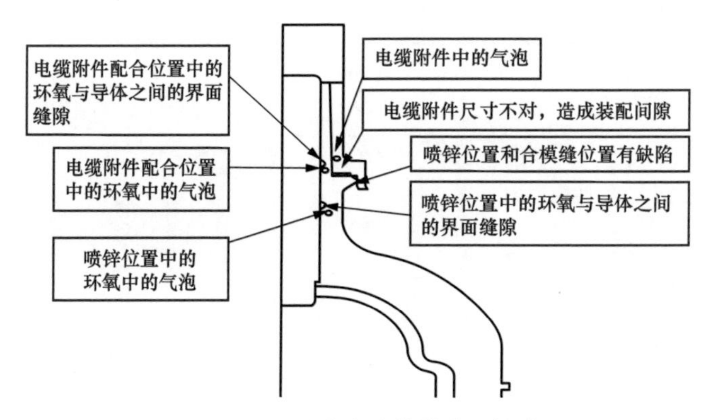

图 4-122　可分离连接器典型缺陷

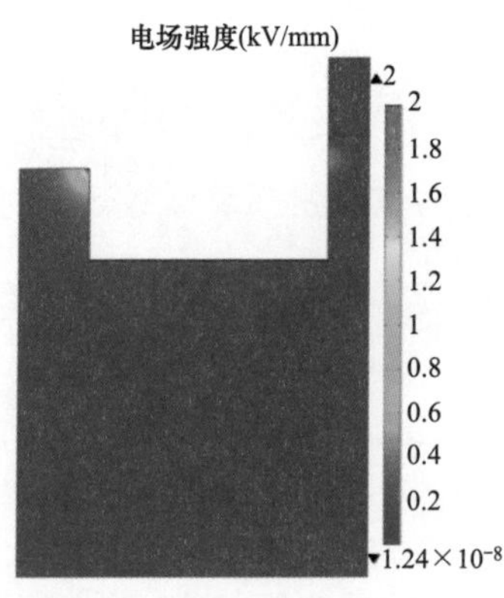

图 4-123　部件无缺陷仿真结果

（2）尺寸不符合要求，导致两者装配后留有空隙，或者附件外形尺寸短，其中附件与环氧之间存在缝隙时电场畸变为 5.58kV/mm，电缆附件位置低于环氧面时，电场畸变为 2.64kV/mm。附件与环氧之间存在缝隙时易发生绝缘击穿，相应的仿真结果如图 4-124 所示。

（3）喷锌位置有缺陷或者合模缝处理不平，可分离连接器与电缆附件配合的直面圆周上若有局部喷锌或者喷锌位置没达到设计位置，导致跟电缆附件局部配合有微小缝隙，此时电场畸变最大为 10.8kV/mm，喷锌位置有缺陷或者合模

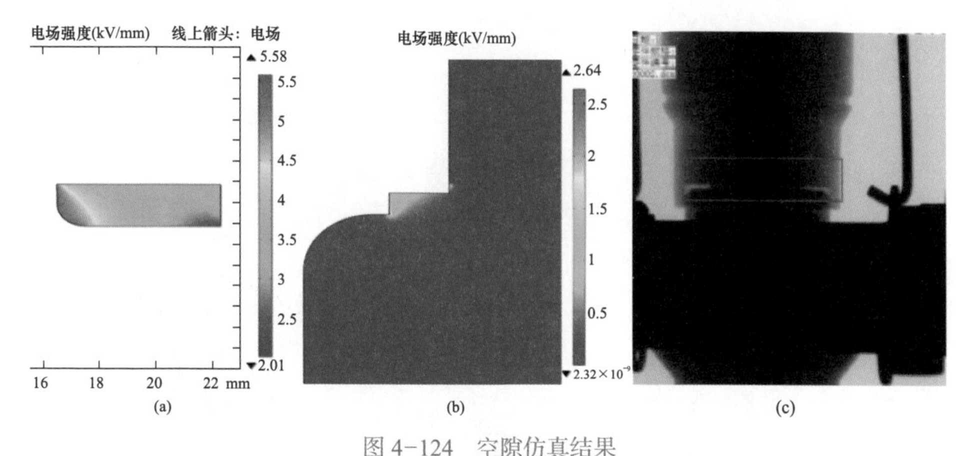

图 4-124 空隙仿真结果

（a）附件与环氧之间存在缝隙；（b）电缆附件位置低于环氧面；（c）X 成像检测

缝处理不平易导致可分离连接器发生绝缘击穿。相应的仿真结果如图 4-125 所示。

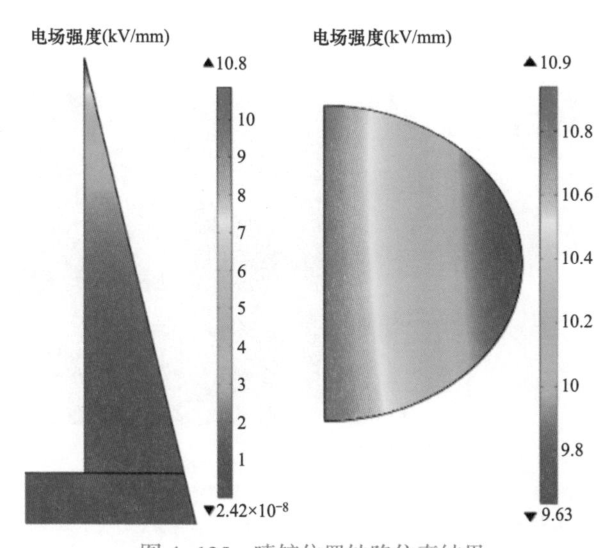

图 4-125 喷锌位置缺陷仿真结果

（4）可分离连接器配合位置部分导体与环氧之间有缝隙和气泡，此时电场畸变最大为 8.41kV/mm，缝隙和气泡易导致插接部位发生绝缘击穿。相应的仿真结果如图 4-126 所示。

（5）电缆附件中有气泡，此时电场畸变最大为 8.36kV/mm，电缆附件中存在气泡易导致在空气中发生绝缘击穿。相应的仿真结果如图 4-127 所示。

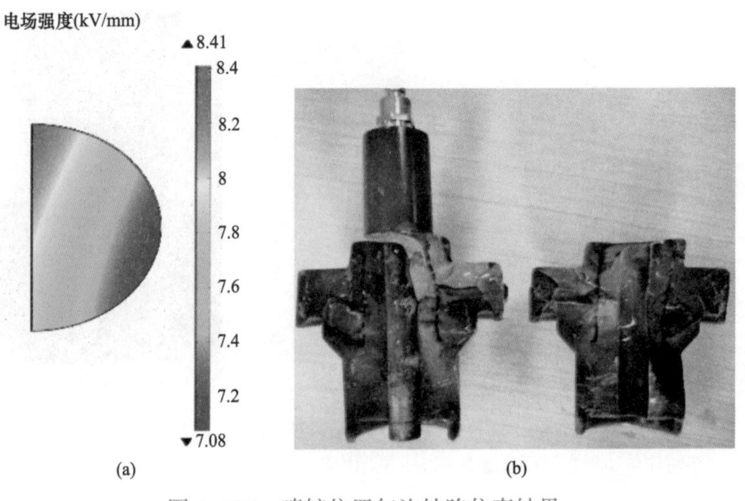

图 4-126　喷锌位置气泡缺陷仿真结果

（a）导体和环氧之间缺陷；（b）导体和环氧之间气泡

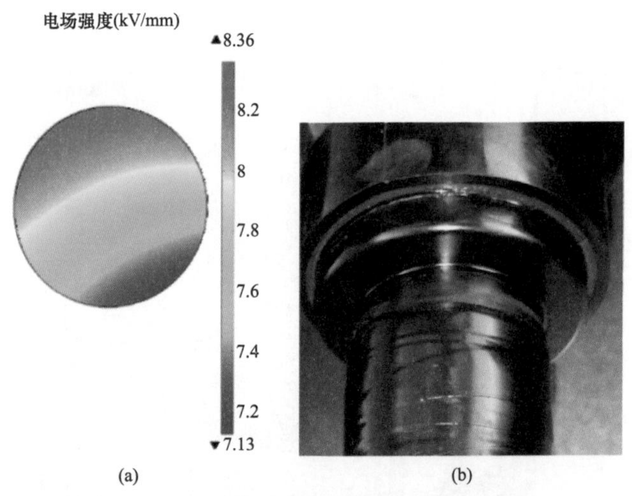

图 4-127　电缆附件中气泡缺陷仿真结果

（a）电缆附件中气泡缺陷仿真结果；（b）电缆附件中气泡缺陷

（6）电缆附件与环氧之间存在装配间隙，此时电场畸变最大为 2.09kV/mm，该缺陷下电场畸变不易导致可分离连接器环氧与电缆之间发生绝缘击穿，相应的仿真结果如图 4-128 所示。

302 开关柜内存在异常超声波局部放电信号，超声波局部放电检测峰值同背景信号峰值相差 92mV（23dBmV）；302 开关柜存在异常特高频局部放电信号，特高频局部放电检测峰值同背景信号峰值相差 22dBmV，局部放电信号呈现以绝缘缺陷为主的局部放电，局部放电信号在半周期内相位宽为 120°。

基于声学成像检测系统确认异响来源于 302 开关柜，且位于柜内上部。302 开关柜暂态地电压检测最大值为 58dBmV，同历史最大值 20dBmV 相差 38dBmV。

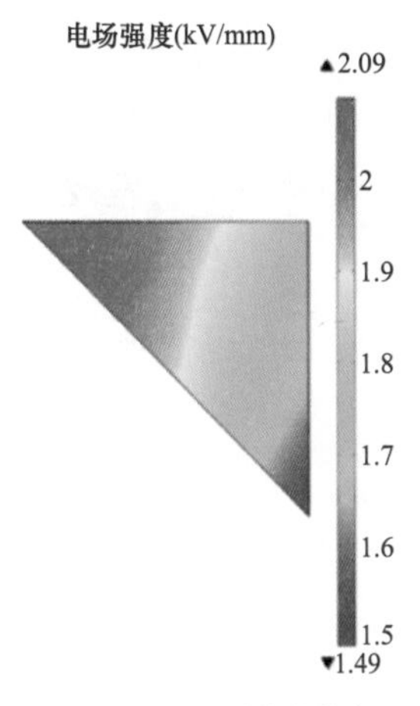

图 4-128　电缆附件与环氧存在间隙仿真结果

4.5　开关柜内部 TA 放电案例

【案例 1】开关柜多处放电缺陷故障分析

1. 故障简介

2017 年 8 月 3 日，电气试验人员对某 110kV 变电站进行暂态地电压局部放电、超声波局部放电、特高频局部放电检测时，发现该 110kV 变电站 35kV 配电室 35kVⅡ母电压互感器开关柜、300-2 开关柜、301 开关柜、321 开关柜、322 开关柜暂态地电压及特高频局部放电数据存在异常，存在疑似悬浮及绝缘放电缺陷。

2017 年 8 月 14 日，电气试验人员完成该 110kV 变电站 35kV 开关柜局部放电复测及定位，基本确定该 110kV 变电站 35kV 配电室 35kVⅡ母电压互感器开关柜、300-2 开关柜、301 开关柜、321 开关柜存在放电缺陷。

2017 年 9 月 11 日，电气试验人员对上述柜子进行停电处理，更换柜内穿柜套管，母线支柱绝缘子，35kVⅡ母电压互感器开关柜套管等电位线绝缘化处理，并对开关柜进行全面检查。

2017 年 10 月 31 日，该 35kVⅡ段停电检修，发现 322 开关柜 B 相靠线路侧静触头套管已被击穿，对 322 开关柜、321 开关柜、300-2 开关柜静触头套管全部更换，并对开关柜进行全面检查。

2017 年 11 月 13 日，电气试验人员对该 110kV 变电站 35kV 开关柜进行更换投运后局部放电检测，300-2 开关柜、322 开关柜、321 开关柜、35kVⅡ母电压互感器开关柜暂态地电压局部放电检测、超声波局部放电检测、特高频局部放电检测均无异常放电信号，放电信号消失。

2. 检测分析

（1）检测数据。检测人员通过手持式 PDS-T90 对某 110kV 变电站 35kV 开关柜普测时，发现 35kVⅡ母电压互感器开关柜、300-2 开关柜、301 开关柜、321 开关柜、322 开关柜暂态地电压测试数据与环境背景值大于 20dB，存在疑似放电信号，开关柜的测试数据如表 4-19 所示。

表 4-19　暂态地电压检测结果

序号	开关柜名称	暂态地电压（dB）				
	金属背景幅值：3dB	开关柜前柜中部幅值	开关柜前柜下部幅值	开关柜后柜上部幅值	开关柜后柜中部幅值	开关柜后柜下部幅值
1	315 开关柜	9	10	9	8	8
2	314 开关柜	10	10	10	9	9
3	313 开关柜	10	11	10	9	11
4	312 开关柜	11	11	10	8	11
5	311 开关柜	10	11	10	9	9
6	301 开关柜	26	25	24	24	24
7	Ⅰ母电压互感器开关柜	13	14	13	14	14
8	300 开关柜	13	12	13	10	13
9	300-2 开关柜	25	26	25	23	25
10	302 开关柜	8	15	11	12	12
11	Ⅱ母电压互感器开关柜	22	25	24	23	23
12	321 开关柜	25	28	27	27	25
13	322 开关柜	28	29	28	28	27
14	323 开关柜	10	10	9	10	8
15	324 开关柜	12	12	8	8	9

检测人员利用手持式 PDS-T90 非接触式超声波局部放电检测进行普测。35kVⅡ母电压互感器开关柜、300-2 开关柜、301 开关柜、321 开关柜、322 开关柜超声波信号存在异常，其超声波图谱如表 4-20 所示。

为进一步确认是否存在放电信号，检测人员通过手持式 PDS-T90 进行验证性测试，发现 35kVⅡ母电压互感器开关柜、300-2 开关柜、301 开关柜、321 开关柜、322 开关柜有明显特高频局部放电信号，信号 PRPD/PRPS 图谱如表 4-21 所示。

（2）结果分析。通过三种非同样原理的带电检测方法同时反映出该 110kV 变电站申盘线 35kVⅡ母电压互感器开关柜、300-2 开关柜、301 开关柜、321 开关柜、322 开关柜有明显放电信号。

表 4-20　　超声波局部放电检测结果

序号	测点	图谱
1	背景	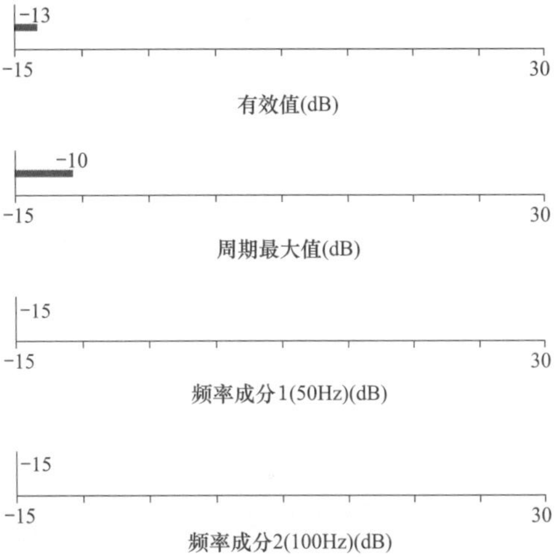 -13 -15　30 有效值(dB) -10 -15　30 周期最大值(dB) -15 -15　30 频率成分1(50Hz)(dB) -15 -15　30 频率成分2(100Hz)(dB)
2	301 开关柜	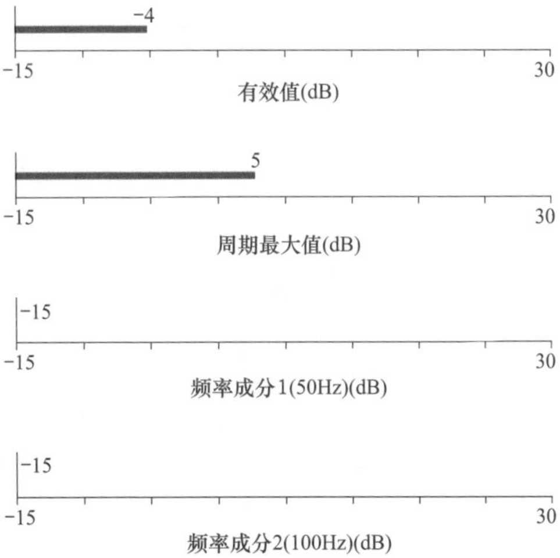 -4 -15　30 有效值(dB) 5 -15　30 周期最大值(dB) -15 -15　30 频率成分1(50Hz)(dB) -15 -15　30 频率成分2(100Hz)(dB)
3	300-2 开关柜	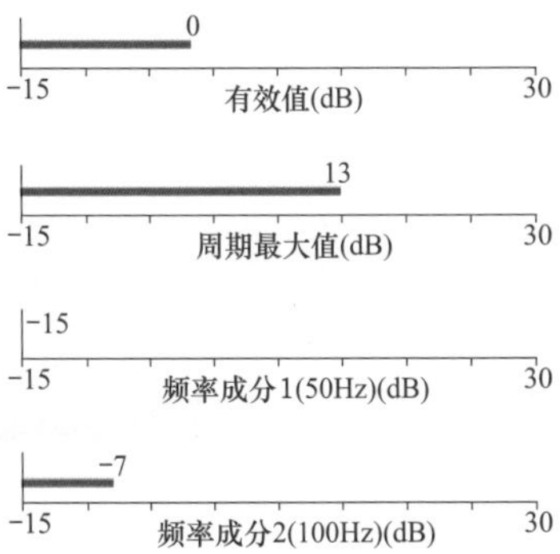 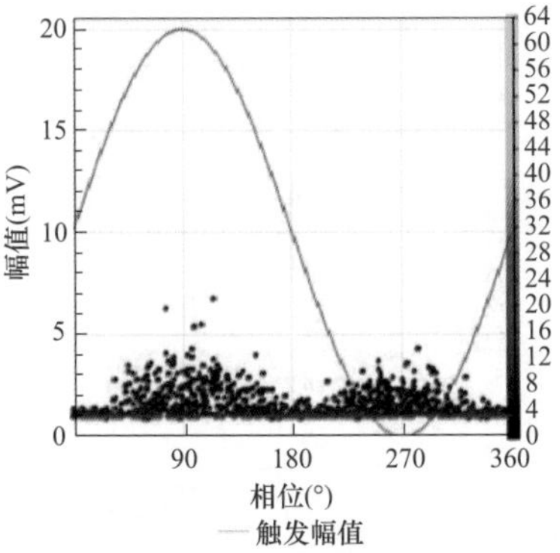 0 -15　30 有效值(dB) 13 -15　30 周期最大值(dB) -15 -15　30 频率成分1(50Hz)(dB) -7 -15　30 频率成分2(100Hz)(dB) 幅值(mV)　0　5　10　15　20 相位(°)　90　180　270　360 0　4　8　12　16　20　24　28　32　36　40　44　48　52　56　60　64 触发幅值

续表

序号	测点	图谱
4	Ⅱ母电压互感器开关柜	7 −15 30 有效值(dB) 14 −15 30 周期最大值(dB) −15 −15 30 频率成分1(50Hz)(dB) −15 −15 30 频率成分2(100Hz)(dB)
5	321开关柜	2 −15 30 有效值(dB) 13 −15 30 周期最大值(dB) −15 −15 30 频率成分1(50Hz)(dB) −15 −15 30 频率成分2(100Hz)(dB)
6	322开关柜	2 −15 30 有效值(dB) 12 −15 30 周期最大值(dB) −15 −15 30 频率成分1(50Hz)(dB) −10 −15 30 频率成分2(100Hz)(dB) 幅值(mV) 0 5 10 15 20 相位(°) 90 180 270 360 0 4 8 12 16 20 24 28 32 36 40 44 48 52 56 60 64 —触发幅值

表 4-21　　　　　　　　　　特高频局部放电检测结果

序号	测点	图谱
1	背景	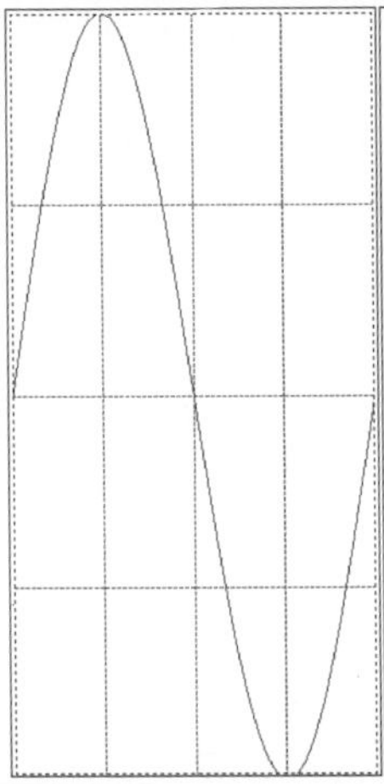 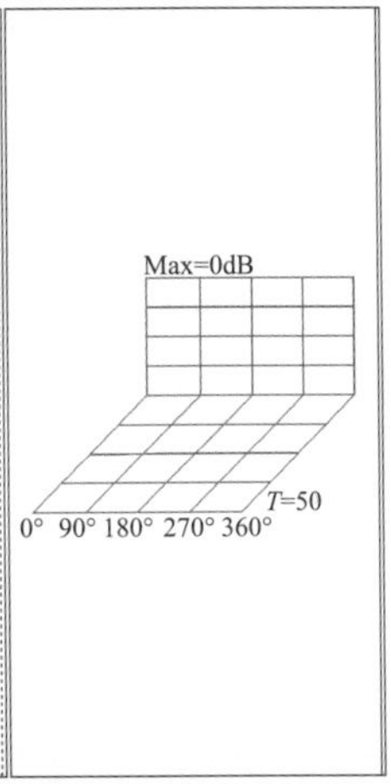
2	301 开关柜	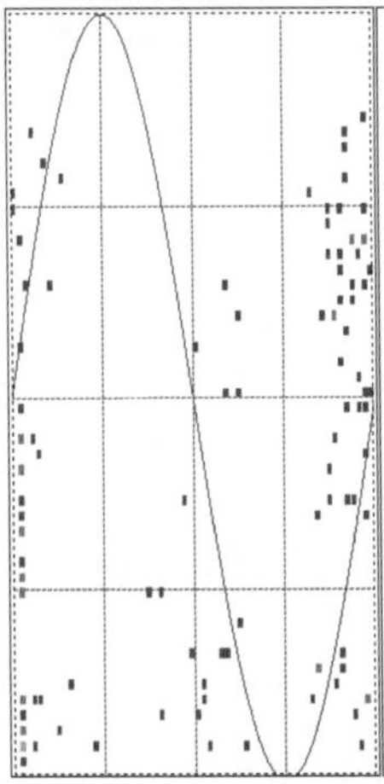 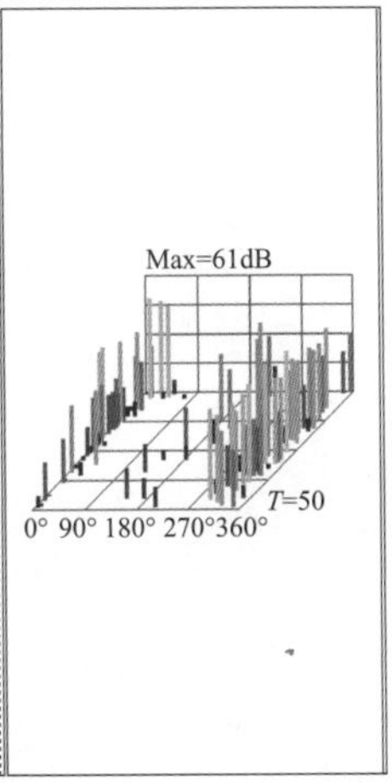
3	300-2 开关柜	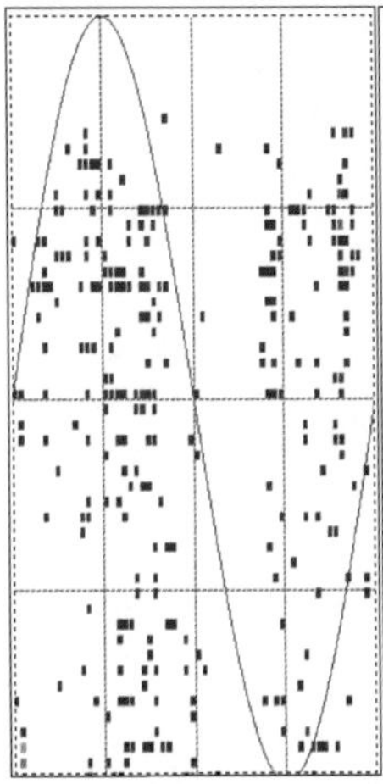 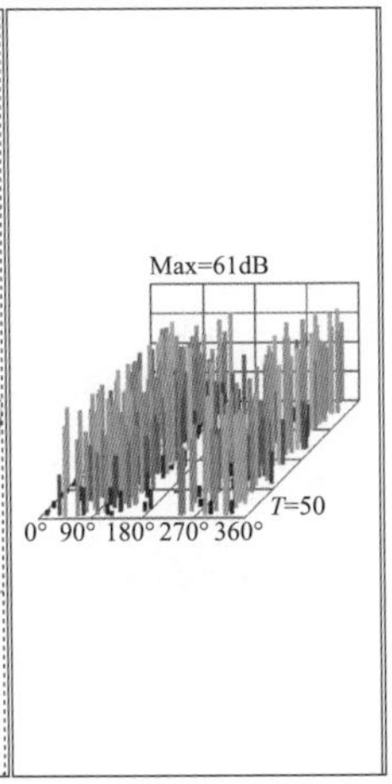

续表

序号	测点	图谱
4	Ⅱ母电压互感器开关柜	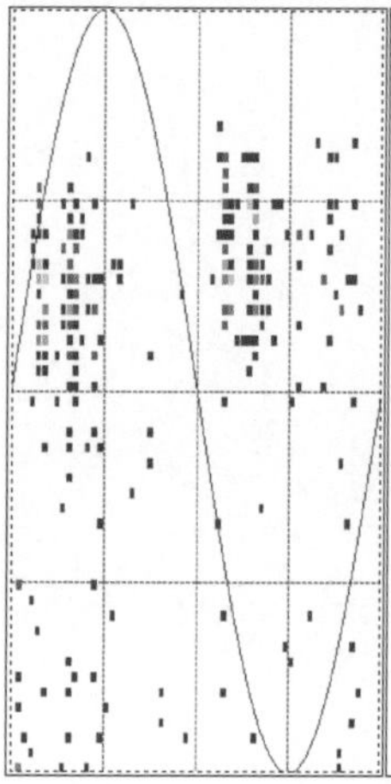 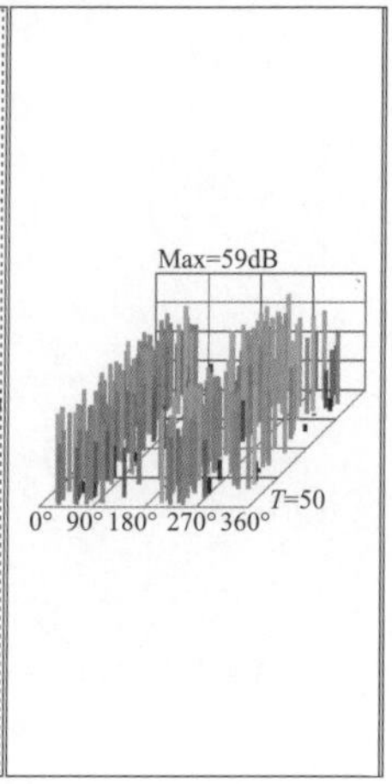
5	321开关柜	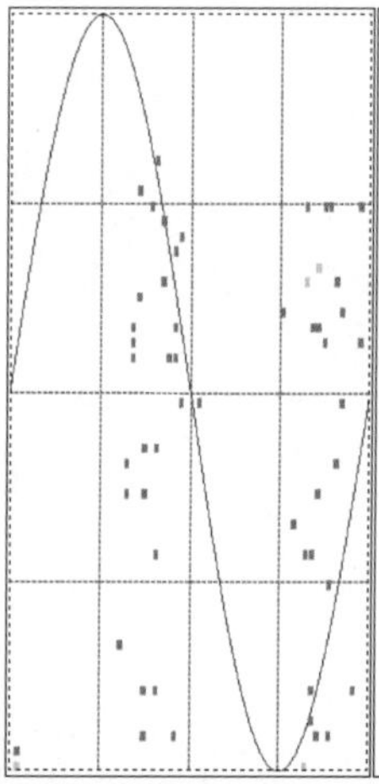 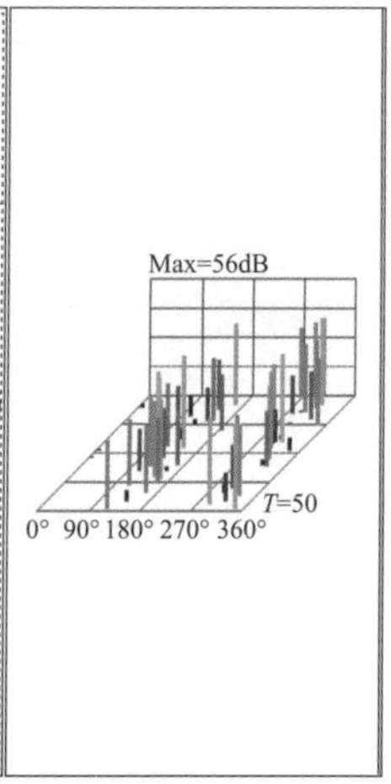
6	322开关柜	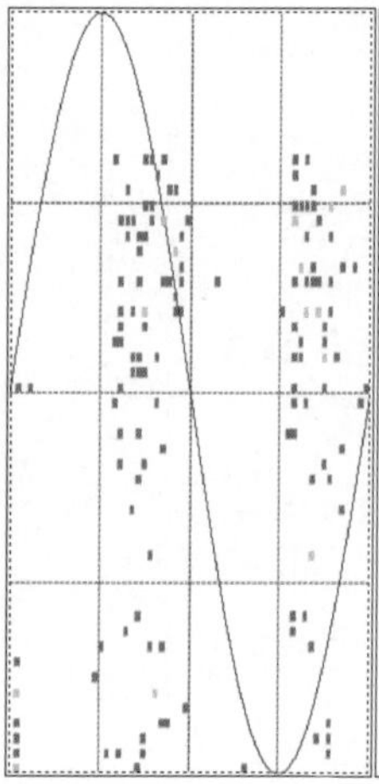 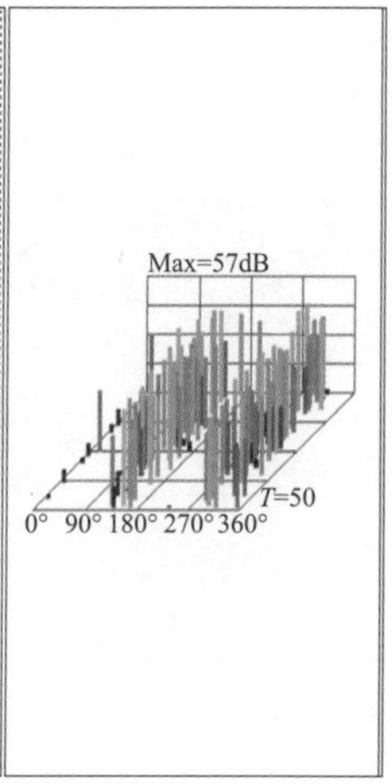

35kVⅡ母电压互感器开关柜、301 开关柜、321 开关柜超声波检测幅值大于背景值，没有频率相关性，300-2 开关柜、322 开关柜存在频率相关性且 50Hz 频率成分小于 100Hz 频率成分。

通过特高频信号 PRPD/PRPS 图谱，发现 35kVⅡ母电压互感器开关柜、300-2 开关柜、301 开关柜、321 开关柜、322 开关柜在工频相位正、负半周的均会出现，且具有一定对称性，部分放电信号幅值较分散，且放电次数较少，部分信号成对出现且幅值一致。

结合超声波局部放电检测图谱及特高频局部放电图谱，初步判断 301 开关柜存在绝缘放电；300-2 开关柜 A 存在悬浮放电；35kV Ⅱ母电压互感器开关柜存在绝缘放电；321 开关柜、322 开关柜存在悬浮电位放电。

为进一步诊断和精确定位放电点，进行特高频局部放电定位测试。

（3）局部放电定位。采用平分面法对 1 号主变压器 35kV 侧 301 开关柜进行特高频局部放电定位检测。

可以看出绿色与紫色信号基本重合，表明局部放电信号位于两者平分面（图 4-129 中蓝色实线）。绿色信号明显超前于紫色，表明局部放电信号位于两者平分面（图 4-129 中黄色实线）偏上侧。传感器布置及示波器如图 4-129 所示。

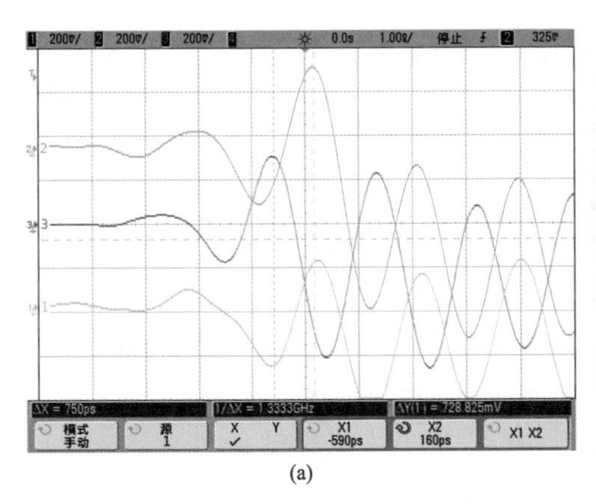

(a)

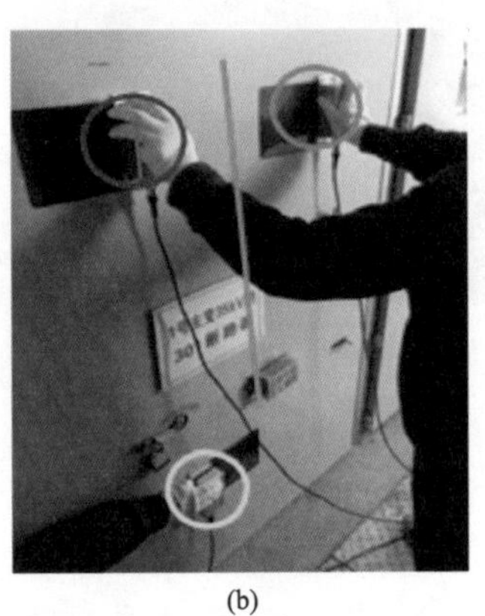

(b)

图 4-129 301 开关柜特高频综合定位

（a）特高频传感器综合定位波形；（b）特高频传感器综合定位摆放位置

三支传感器中，紫色信号超前于黄色，且超前的距离等于两只传感器间距，表明局部放电信号位于紫色传感器上方区域。所以局部放电信号位于 301 开关柜 B 相下动静触头结合处（见图 4-130）。

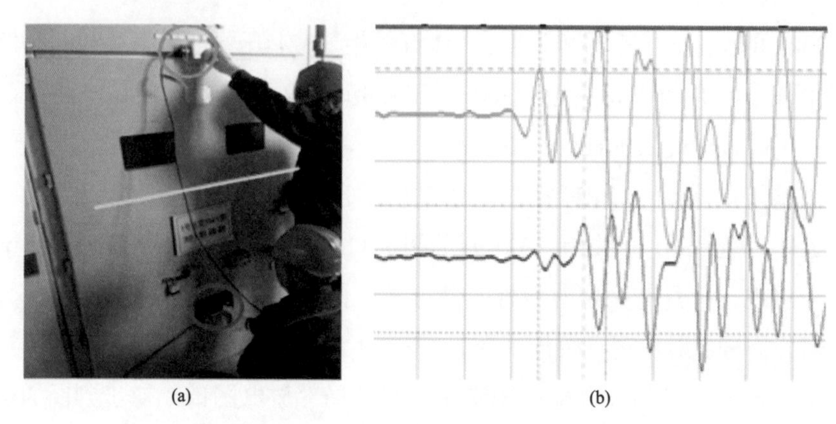

(a) (b)

图 4-130 301 开关柜特高频纵向定位

（a）特高频传感器纵向定位摆放位置；（b）特高频传感器纵向定位波形图

采用平分面法对母联 300-2 开关柜进行特高频局部放电定位检测，传感器布置及示波器如图 4-131 所示。黄色信号明显超前于紫色，且超前 0.66ns（19.8cm），即局部放电点位于两者平分面偏左 9.9cm 处。

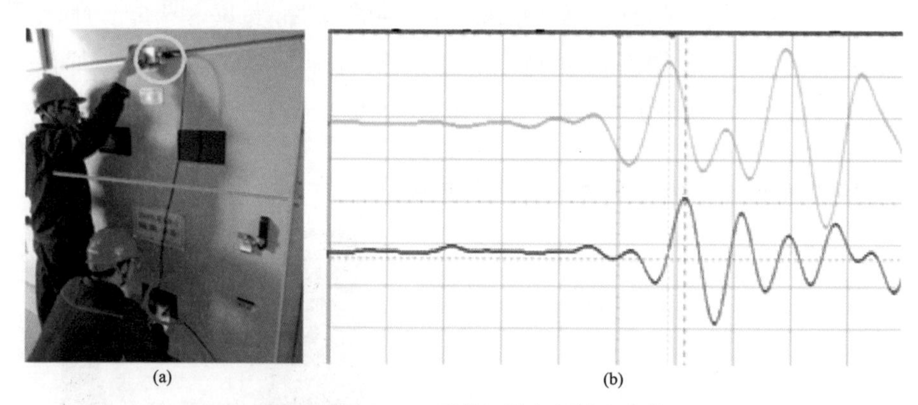

(a) (b)

图 4-131 300-2 开关柜特高频纵向定位

（a）特高频传感器纵向定位摆放位置；（b）特高频传感器纵向定位波形图

黄色信号明显超前于紫色，且超前 0.66ns（19.8cm），即局部放电点位于两者平分面偏左 9.9cm 处。综上可知，局部放电信号位于母联 300-2 开关柜 A 相区域（见图 4-132）。

采用平分面法对 35kVⅡ母电压互感器开关柜进行特高频局部放电定位检测，传感器布置及示波器如图 4-133 所示。根据图 4-133 黄色信号超前于紫色，且超前 1.28ns（38.4cm），可知局部放电点位于两者平分面偏上 19.2cm。

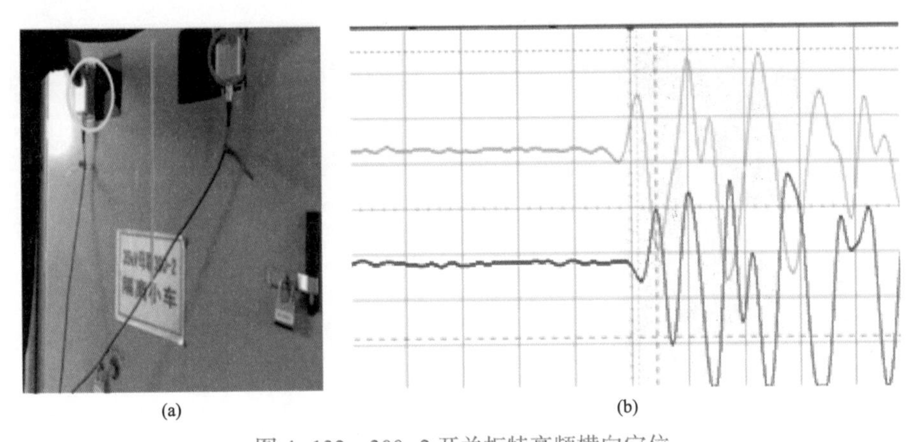

(a)　　(b)

图 4-132　300-2 开关柜特高频横向定位

（a）特高频传感器横向定位摆放位置；（b）特高频传感器横向定位波形图

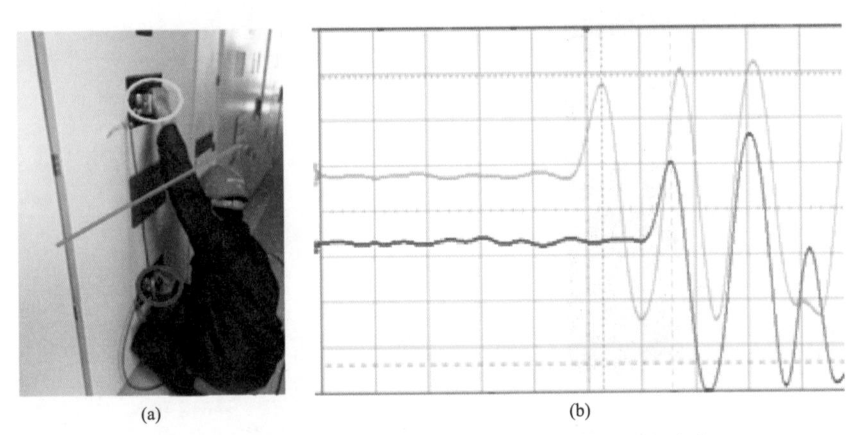

(a)　　(b)

图 4-133　35kV Ⅱ 母电压互感器开关柜特高频纵向定位

（a）特高频传感器纵向定位摆放位置；（b）特高频传感器纵向定位波形图

传感器布置及示波器如图 4-134 所示。根据图 4-134 黄色信号超前于紫色，且超前 1.3ns（39cm），可知局部放电点位于两者平分面偏左 19.5cm。综上可知，局部放电信号位于 35kVⅡ母电压互感器 A 相区域。

采用平分面法对 321 开关柜进行特高频局部放电定位检测，传感器布置及示波器如图 4-135 所示，根据图紫色信号明显超前于黄色，且超前 2.2ns（66cm），可知局部放电点位于两者平分面偏上约 33cm。

传感器布置及示波器如图 4-136 所示，根据图黄色信号超前紫色 0.15ns（4.5cm），可知局部放电点位于两者平分面偏右 2.25cm。综上可知，局部放电信号位于 321 开关柜 B 相区域。

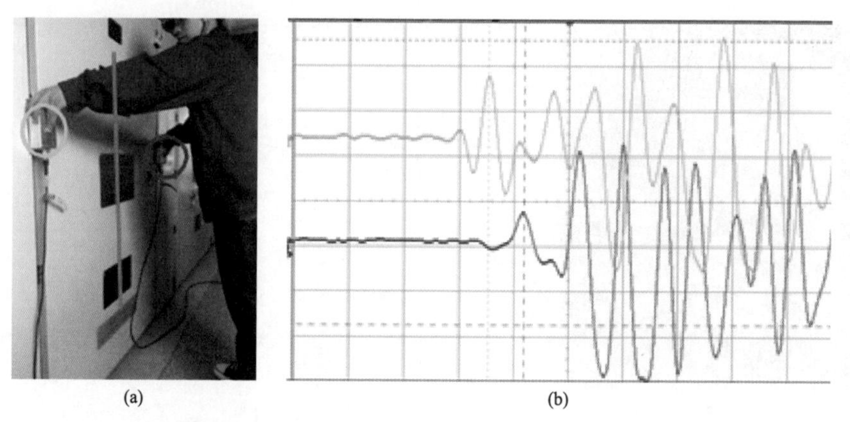

图 4-134　35kVⅡ母电压互感器开关柜特高频横向定位

（a）特高频传感器横向定位摆放位置；（b）特高频传感器横向定位波形图

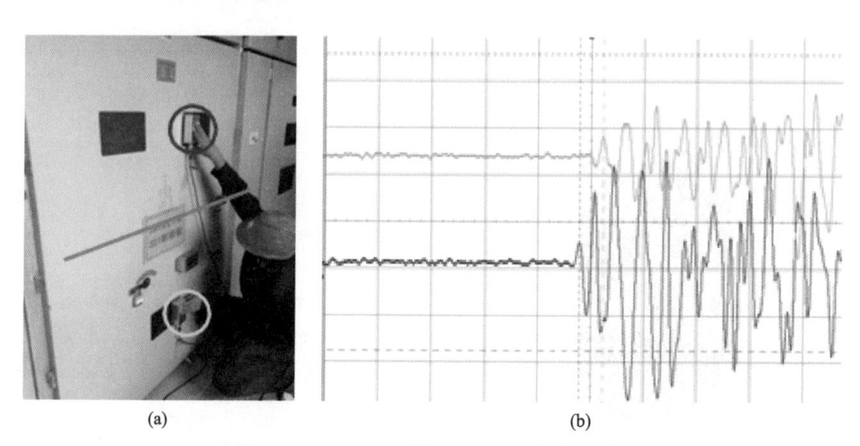

图 4-135　321 开关柜特高频纵向定位

（a）特高频传感器纵向定位摆放位置；（b）特高频传感器纵向定位波形图

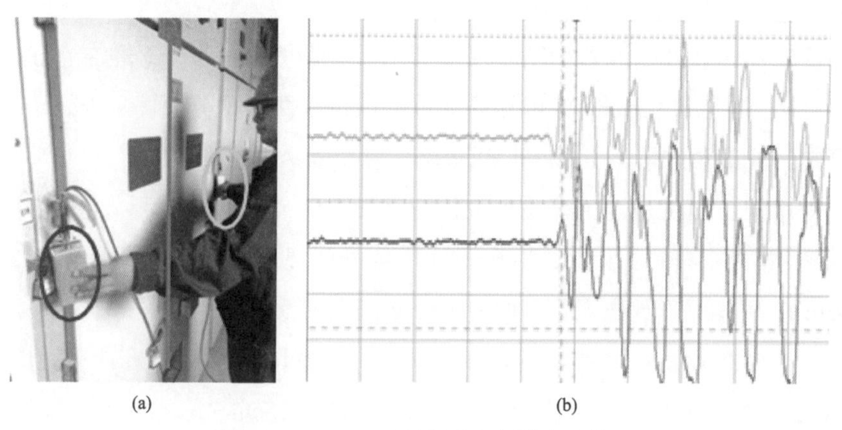

图 4-136　321 开关柜特高频横向定位

（a）特高频传感器横向定位摆放位置；（b）特高频传感器横向定位波形图

经超声波和特高频局部放电定位分析，判断其 301 开关柜 B 相区域存在绝缘放电；300-2 开关柜 A 相区域存在悬浮电位放电；35kVⅡ母电压互感器开关柜 A 相区域存在绝缘放电；321 开关柜 B 相区域存在悬浮电位放电。

3. 隐患处理情况

2017 年 9 月 11 日，检修人员结合 35kVⅡ段停电检修计划，对 35kVⅡ段开关柜进行全面检查。发现 35kVⅡ母电压互感器 A 相靠电压互感器侧套管内等电位线与套管内壁存在放电痕迹（见图 4-137）；300-2 开关柜、301 开关柜、321 开关柜、322 开关柜内断路器动、静触头严重锈蚀，322 开关柜最为严重，并且断路器动触头套管内壁因潮气严重形成一层水膜，321 开关柜内断路器静触头套管内有绝缘筒材料粉末（见图 4-138）。

将 35kVⅡ母电压互感器 A 相套管内等电位线更换为带绝缘的导线并控制

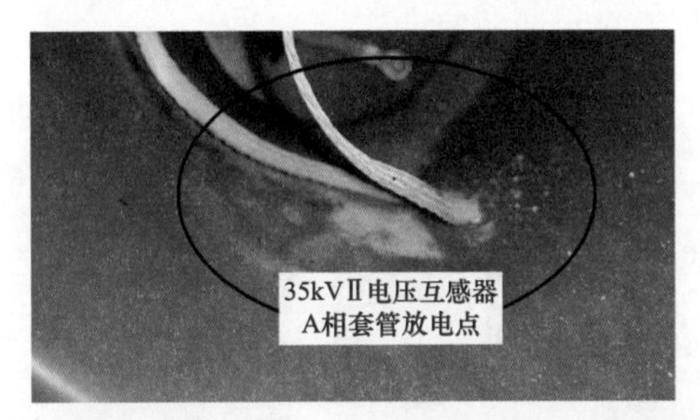

图 4-137　35kVⅡ母电压互感器 A 相靠电压互感器侧套管

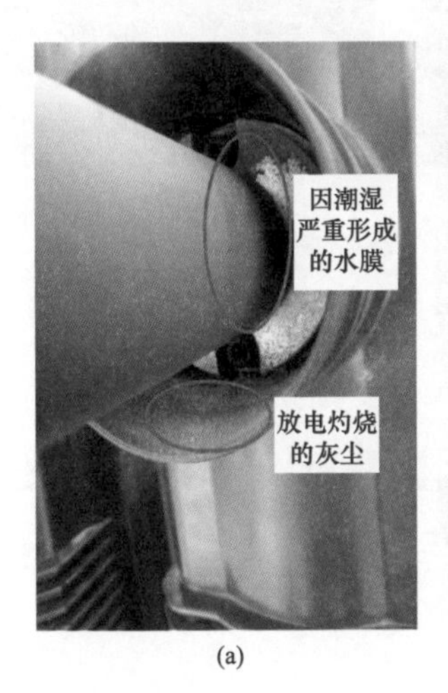

(a)

(b)

图 4-138　322 开关柜内断路器受潮情况

（a）断路器动触头；（b）断路器动触头套管内壁

其长度，使其与套管内壁存在一定间隙，将35kV Ⅱ段母线设备进行检查、对灰尘进行清擦、螺丝紧固、将静触头套管进行加热烘干、并将柜内穿柜套管和母线绝缘子进行更换，试验合格后投运。

2017年10月11日，对该110kV变电站35kV开关柜进行复测，35kVⅡ母电压互感器异常信号消失其余柜特高频、超声波检测放电信号仍然存在，并且322开关柜超声信号幅值有增大趋势，初步判定放电信号来源于开关柜中部断路器位置，为悬浮及绝缘缺陷。

柜内穿柜套管，母线支柱绝缘子已更换，初步判定断路器静触头与套管间存在放电缺陷，紧急联系厂家订购断路器静触头套管，安排相关停电检修计划。2017年10月31日，发现322开关柜B相靠线路侧静触头套管已被击穿（见图4-139），对322开关柜、321开关柜、300-2开关柜静触头套管全部更换，并对开关柜进行全面检查。

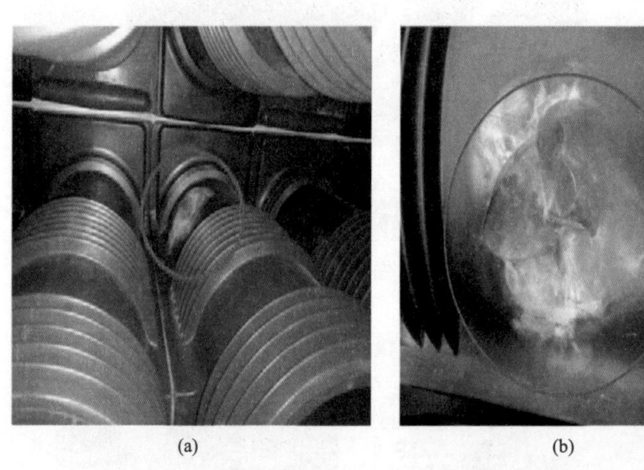

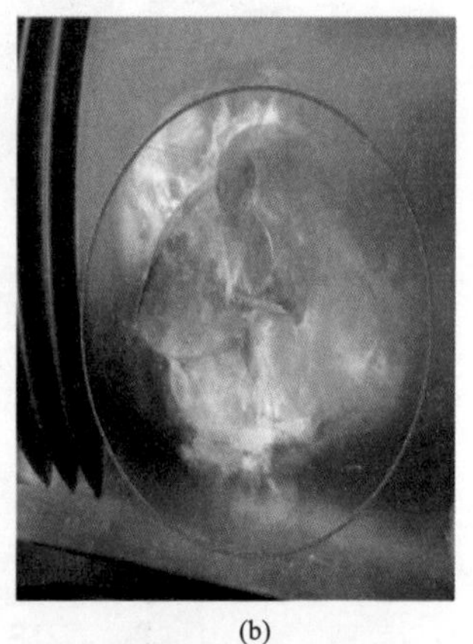

(a)　　(b)

图4-139　322开关柜靠线路侧静触头套管被击穿

（a）靠线路侧静触头套管；（b）B相靠线路侧静触头套管击穿痕迹

2017年11月13日，对李寨110kV变电站35kV开关柜进行检修投运后局部放电检测，300-2开关柜、322开关柜、321开关柜、35kVⅡ母电压互感器开关柜暂态地电压局部放电检测、超声波局部放电检测、特高频局部放电检测均无异常放电信号，放电信号消失。

4. 经验体会

带电检测可以较好地发现局部放电缺陷，但要通过不断的经验积累，有效排除干扰，更准确地采集局部放电信号，对设备故障进行准确的分析判断，避免事故的发生。

特高频对放电信号比较灵敏，抗干扰性强，可以判别具体放电类型，在开关柜局部放电检测中应使用暂态地电压、超声、特高频三种检测手段进行普测。

通过此次缺陷处理，发现该35kV配电室湿度很大，在长时间的开门通风及排气扇全部开启的情况下，35kV段出线柜柜内明显潮湿。应加强配电室通风系统及配电室湿度检查。

该变电站多在山区建设，雨水较多，开关柜密封性较好，通风较差，柜内潮气重加上固原地区昼夜温差较大，容易在柜内设备内壁上凝结成水珠，在强电场的作用下容易产生绝缘放电及表面电晕，引起套管绝缘下降。应对配电室排风改造为根据室内湿度自动投切的排风系统。

改善开关柜内设备运行环境。柜内设备处于相对密闭环境，只是通过加热来驱潮效果显然不理想。根据开关柜的结构在开关柜顶部加装风扇，加强柜内空气流通，配合加热器改善开关柜柜内运行环境。

建议将35kVⅠ段所有与发生故障的设备属同一厂家的开关柜内静触头套管全部更换。

【案例2】TV开关柜过电压保护器A、B相连接线故障分析

1. 故障简介

2016年6月29日，电气试验人员在对某110kV变电站进行特高频局部放电测试时，发现在10kV Ⅰ母TV开关柜处存在局部放电典型绝缘放电图谱，超声波及暂态地电压局部放电数据正常，通过观察窗可以看出10kV Ⅰ母TV过电压保护器A、B相连接线距离较近，确定该处存在较严重的局部放电现象。

2. 检测分析

（1）暂态地电压和超声测试数据分析。对10kV Ⅰ母TV开关柜进行暂态地电压和超声局部放电测试，测试数据如表4-22所示，无异常局部放电信号。

（2）特高频测试结果分析。对110kV变电站10kVⅠ母TV开关柜进行特高频信号普测，具体数据及图谱如图4-140所示。

由图4-140可知，该10kVⅠ母TV开关柜存在异常特高频信号，最大幅值51dB，一个工频周期出现两簇明显脉冲信号，工频相关性强，具有绝缘放电特征。

表 4-22　　开关柜局部放电检测数据表

暂态地电压背景值		高压室（dBmV）		空气		0		金属		10
超声波背景值		高压室（dBmV）		-8						
序号	开关柜名称	暂态地电压测试值（dBmV）								超声波测试值（dBmV）
		开关柜前柜中部幅值	开关柜前柜下部幅值	开关柜后柜上部幅值	开关柜后柜中部幅值	开关柜后柜下部幅值	开关柜侧柜上部幅值	开关柜侧柜中部幅值	开关柜侧柜下部幅值	
1	10kVⅠ母 TV	20	17	10	12	13	/	/	/	-8

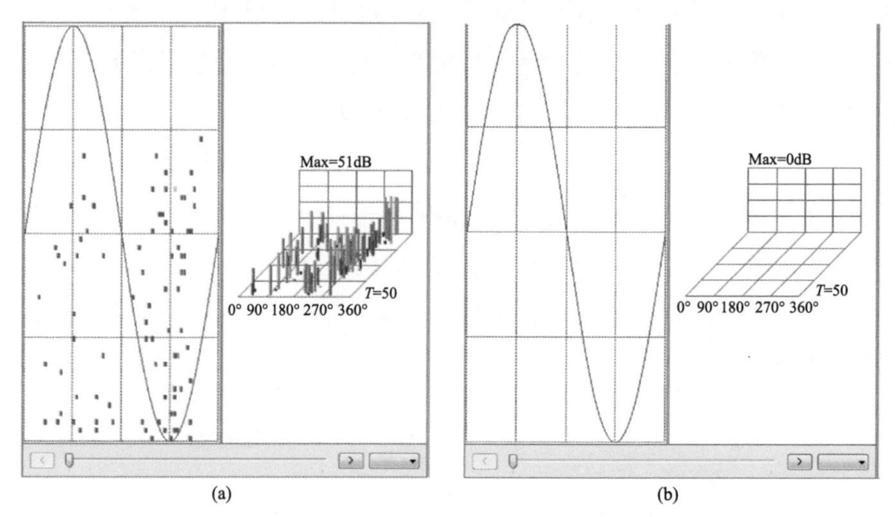

图 4-140　特高频 PRPD/PRPS 图谱 / 特高频周期图谱

（a）测试图；（b）背景图

3. 隐患处理情况

6 月 30 日对 10kVⅠ母 TV 开关柜进行停电检修，检修过程中发现 A、B 相过电压保护引线紧靠连在一起（见图 4-141），具有一定局部放电隐患。

检修人员重新对电压互感器过电压保护器连接线进行固定，固定后 A、B、C 三相连接线保持足够安全距离（见图 4-142）。

电压互感器投运后进行局部放电带电测试，无局部放电信号。从局部放电带电检测数据上来看，该异常图谱具备绝缘放电的特征。在检修过程中发现该过电压保护器连接线 A、B 相距离较近，由于连接线的绝缘强度等因素影响，从而在 A、B 相连接线紧靠引发绝缘放电缺陷。从检修情况来看也验证了局部放电带电检测数据的准确性。

图 4-141　有异常放电声响的 A、B 相连接线

图 4-142　重新固定后的连接线

【案例 3】开关柜内有异物故障分析

1. 故障简介

2016 年 3 月 24 日，电气试验人员在对某 110kV 变电站进行特高频局部放电测试时，发现在 2 号主变压器 502 开关柜后柜门存在局部放电典型放电图谱，超声波局部放电数据无异常。在经过反复定位检测，确定该处存在较严重的局部放电现象。放电位置如图 4-143 所示。

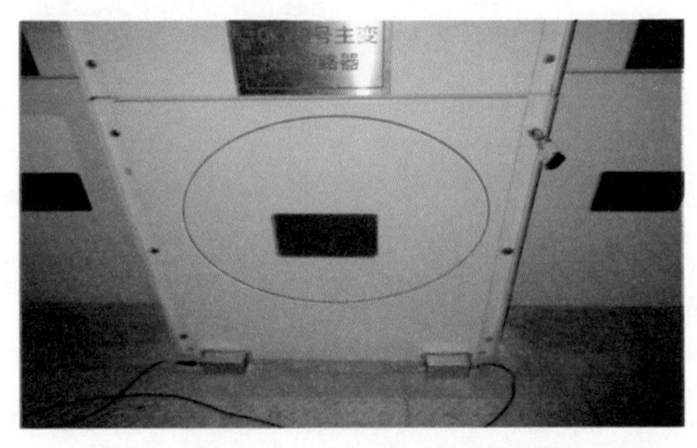

图 4-143　发现局部放电异常信号设备图

2. 检测分析

（1）超声测试数据分析。使用 PDS-T90 的超声波模式对该 110kV 变电站 10kV2 号主变压器 502 开关进行超声波信号普测，具体的数据及图谱如图 4-144 所示。

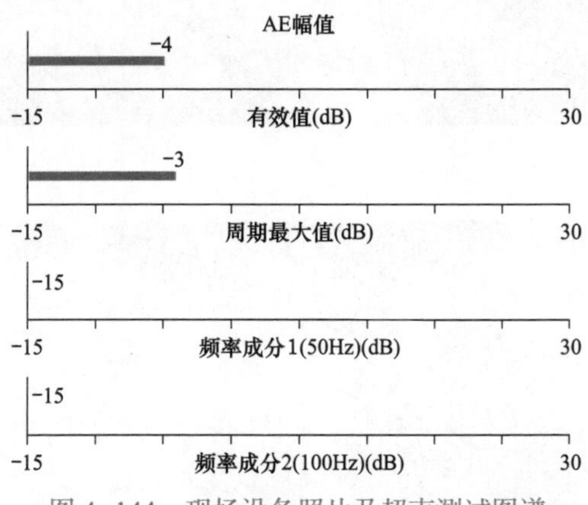

图 4-144　现场设备照片及超声测试图谱

由图 4-144 可知，超声测试幅值最大为 -3dB，频率成分 1 和频率成分 2 未见异常，由此判断 502 开关超声无异常。

（2）特高频测试结果分析。使用 PDS-T90 的特高频模式对该 110kV 变电站 10kV 2 号主变压器 502 开关柜进行特高频信号普测。

特高频 PRPD/PRPS 图谱如图 4-145 所示，该 110kV 变电站 10kV 2 号主变压器 502 开关柜存在异常特高频信号，最大幅值为 60dB，一个工频周期出

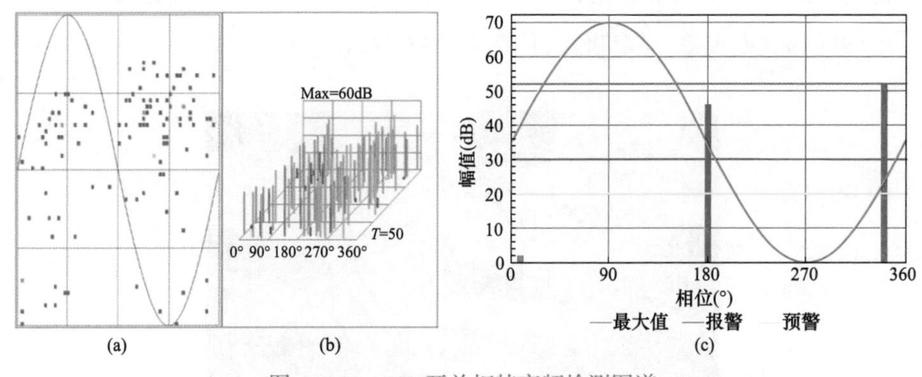

图 4-145　502 开关柜特高频检测图谱

（a）特高频检测相位图谱；（b）特高频检测三维图谱；（c）特高频周期图谱

现两簇脉冲信号，初步判定为绝缘放电及悬浮放电。

3. 隐患处理情况

2016 年 5 月 6 日对 2 号主变压器 502 开关柜进行停电检修，检修过程中发现电流互感器与母排连接处有异物，如图 4-146 所示。

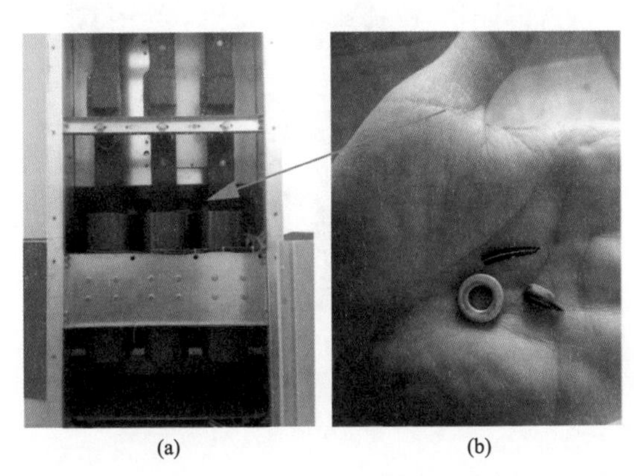

图 4-146　502 开关柜停电检修

（a）电流互感器与母排连接处；（b）异物

检修人员对现场异物进行清扫，并对套管、电流互感器进行擦拭灰尘。开关柜投运后进行局部放电带电测试，无局部放电信号。

从局部放电带电检测数据上来看，该开关柜具有悬浮和绝缘放电缺陷。在检修过程中发现开关柜电流互感器与母排连接处有异物，导致电位悬浮，引起悬浮电位放电，同时由于母线排积灰和杂物影响，也会引发绝缘放电。从检修情况来看也验证了局部放电带电检测数据的准确性。

【案例 4】某 110kV 变电站 35kV 开关柜故障分析

1. 故障简介

2018 年 3 月 9 日，电气试验人员在对某 110kV 变电站进行例行带电检测工作时，发现在 2 号主变压器 302 开关柜区域特高频局部放电测试数据异常（见图 4-147）。反复核对图像显示波形，发现 2 号主变压器 302 开关柜内存在异常特高频信号，且幅值最大，最大幅值为 50dB，工频周期内出现单簇脉冲信号，工频相关性强，具有悬浮放电特征。用示波器进行进一步分析，显示示波器幅值在 1.14V 左右，定位位置在开关柜中下部位置附近。在经过反复定位定性检测，确定该处存在较严重的局部放电现象，建议应对 35kV 高压室内2号主变压器302开关柜加强关注，缩短检测周期，适时结合停电计划进行处理。

图4-147 发现局部放电异常信号设备图

2. 检测分析

（1）超声测试数据分析。使用PDS-T90的超声波模式对2号主变压器302开关柜进行超声波信号检测，检测数据图谱如图4-148所示。

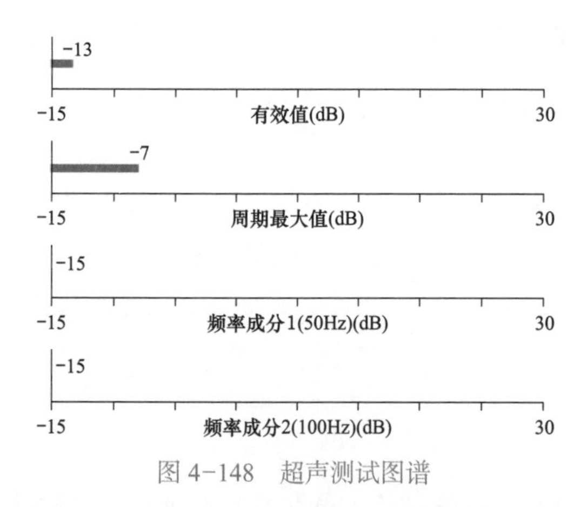

图4-148 超声测试图谱

由图可知，超声测试幅值最大为-7dB，频率成分1与频率成分2未见异常，判断2号主变压器302开关柜超声波检测正常。

（2）特高频测试结果分析。使用PDS-T90的特高频模式对2号主变压器302开关柜进行特高频信号检测，特高频PRPD/PRPS图谱如图4-149所示，2号主变压器302开关柜存在异常特高频信号，最大幅值为50dB，工频周期出现单簇脉冲信号，工频相关性强，具有悬浮放电特征。

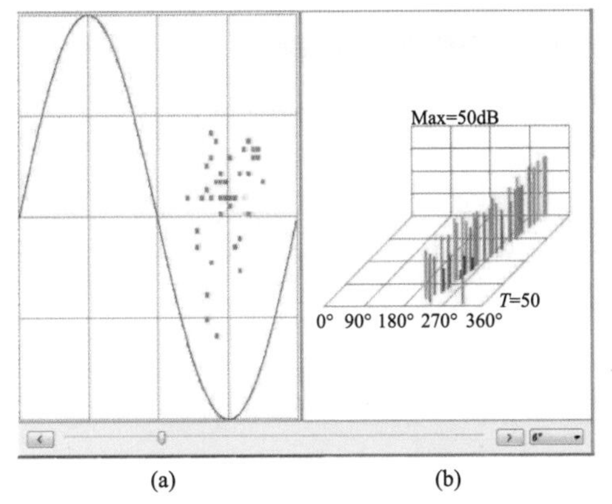

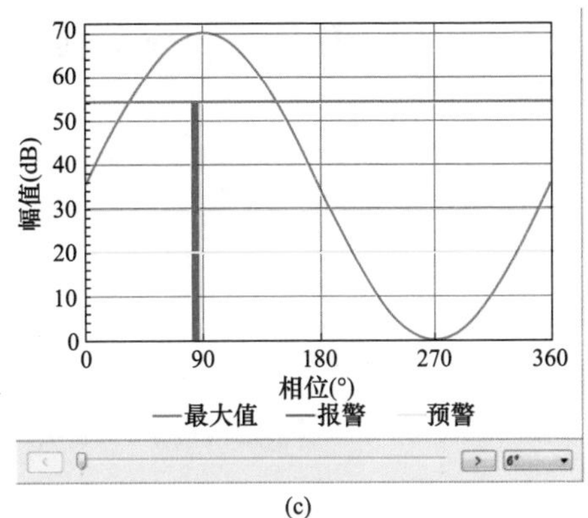

(a) (b) (c)

图 4-149 302 开关柜特高频检测图

（a）特高频检测相位图谱；（b）特高频检测三维图谱；（c）特高频检测周期图谱

（3）暂态地电压测试分析。使用 PDS-T90 的暂态地电压模式对 2 号主变压器 302 开关柜进行暂态地电压测试，测试相对值均小于 20dB，开关柜暂态地电压测试未发现异常，暂态地电压测试数据合格，具体数据见表 4-23。

表 4-23 2 号主变压器 302 开关柜暂态地电压数据表

测试对象	开关柜前柜中部幅值	开关柜前柜下部幅值	开关柜后柜上部幅值	开关柜后柜中部幅值	开关柜后柜下部幅值	背景值
302 开关柜	10	8	7	8	9	9

（4）对局部放电信号定位定性分析。

1）对局部放电信号类型的分析。如图 4-150 所示，示波器 10ms 波形图一个工频周期（20ms）内出现一簇脉冲信号，示波器最大幅值 1.14V 左右，判断为悬浮放电。

2）对局部放电信号进行定位分析。

a. 横向定位。两传感器位置如图 4-151 所示，由定位波形可见绿色传感器波形与黄色波形起始沿基本重合，说明放电源位于两传感器之间垂直平分面上，即图 4-151（a）蓝线所在平面。

b. 纵向定位。两传感器位置如图 4-152 所示，由定位波形可见绿色传感器波形与黄色波形起始沿基本重合，说明放电源位于两传感器之间垂直平分面上，即图 4-152（a）蓝线所在平面。

结合上述定位过程及开关柜结构，综合判断 35kV 2 号主变压器 302 开关

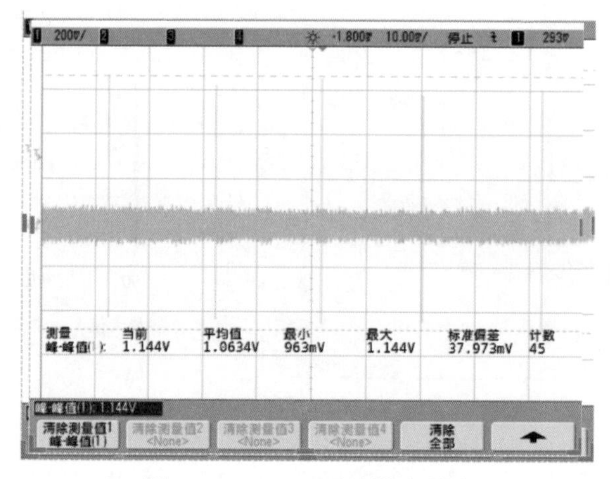

图 4-150　10ms 示波器波形图

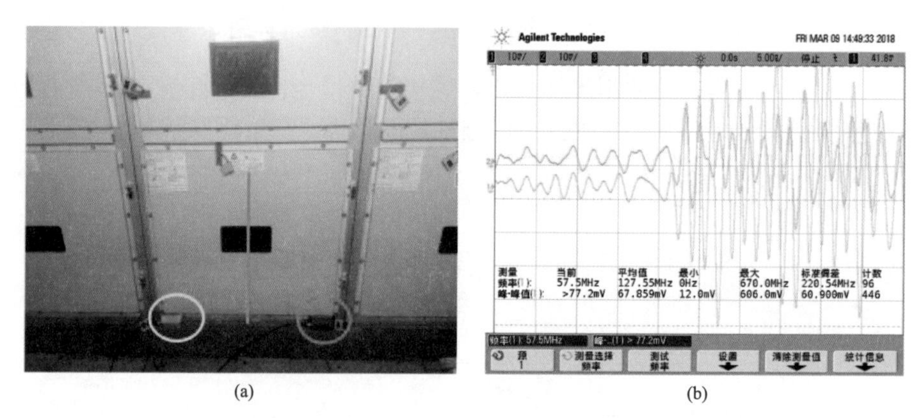

(a)　　　　(b)

图 4-151　302 开关柜特高频横向定位图谱

（a）特高频传感器横向定位摆放位置；（b）特高频传感器横向定位波形图

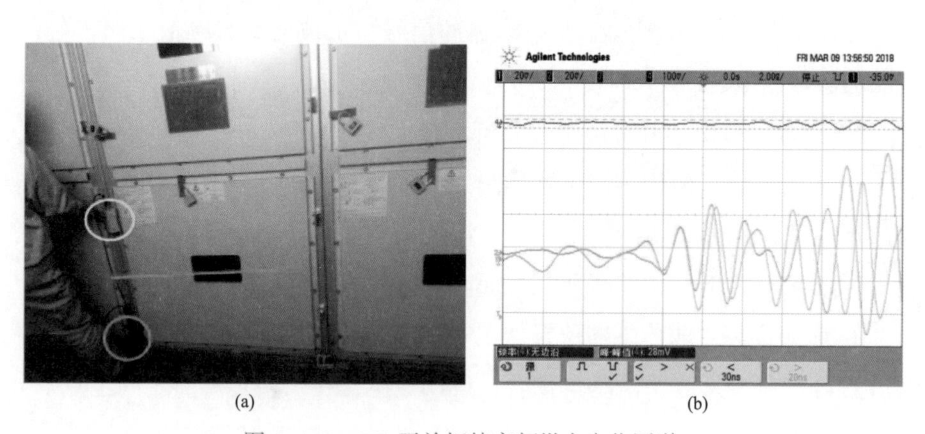

(a)　　　　(b)

图 4-152　302 开关柜特高频纵向定位图谱

（a）特高频传感器纵向定位摆放位置；（b）特高频传感器纵向定位波形图

柜信号源来自柜下中部位置附近。

3. 隐患处理情况

4 月 12 日对该 110kV 变电站 2 号主变压器 302 开关柜进行停电检修，检修过程中发现 2 号主变压器 302 开关柜后柜下柜处 B 相、C 相电流互感器与接线板处固定螺丝出现松动，如图 4-153 所示。

检修人员对 2 号主变压器 302 开关柜进行细致消缺，并对 2 号主变压器 302 开关柜内进行清理检查，对 B、C 相电流互感器与接线板处固定螺丝进行紧固。对 2 号主变压器 302 开关柜柜内进行擦拭灰尘（见图 4-154）。将 2 号主变压器 302 开关柜投运后进行局部放电测试，无局部放电信号。

图 4-153　打开开关柜后柜下柜后发现电流互感器与接线板处固定螺丝松动

图 4-154　处理后电流互感器与接线板连接处已紧固的固定螺丝

从带电检测数据上来看，该开关柜特高频检测图谱中，工频周期出现单簇脉冲信号，工频相关性强，具有悬浮放电特征，且做定性定位分析，位置位于开关柜中下柜处，且一个工频周期（20ms）内出现一簇脉冲信号，示波器最大幅值 1.14V 左右，判断为悬浮放电。在检修过程中发现 2 号主变压器 302 开关柜后柜下柜 B、C 相电流互感器与接线板处固定螺丝松动，导致电位悬浮，引起悬浮放电。同时从检修情况来看也验证了局部放电带电检测数据的准确性。

【案例 5】开关柜母线侧接线板螺栓松动故障分析

1. 故障简介

2018 年 3 月 5 日，试验人员在对某 110kV 变电站进行特高频局部放电测试时，发现在10kV Ⅰ母 TV 开关柜后柜门处存在局部放电典型悬浮放电图谱，特高频局部放电数据明显异常，通过传感器可看到明显的特高频图谱信号，故障部位如图4-155所示。在经过反复定位检测，确定该处存在较严重的局部放电现象。

2. 检测分析

（1）超声测试数据分析。使用PDS-T90的超声波模式对10kV Ⅰ母电压互感器开关柜进行超声波信号普测，如图4-156所示，超声测试幅值最大为-3dB，频率成分1和频率成分2未见异常，由此判断Ⅰ母电压互感器开关柜超声无异常。

图4-155 发现局部放电异常信号设备图

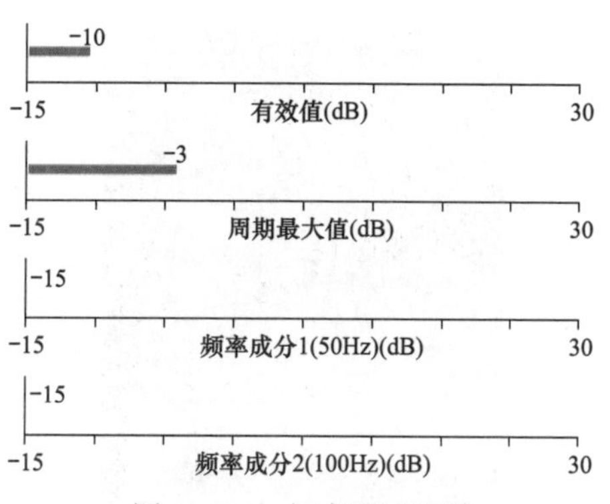

图4-156 超声测试图谱

（2）特高频测试结果分析。使用PDS-T90的特高频模式对35kV Ⅱ母电压互感器开关柜进行特高频信号普测，特高频PRPD/PRPS图谱如图4-157所示，该110kV变电站Ⅰ母电压互感器开关柜存在异常特高频信号，最大幅值为59dB，一个工频周期出现两簇明显脉冲信号工频相关性强，初步判定为悬浮放电。

3. 隐患处理情况

2018年3月6日对此间隔进行停电检修，检修过程中发现C相刀闸母线侧接线排的紧固螺丝松动（见图4-158）。

检修人员将C相刀闸母线侧接线排的螺丝紧固，检查A、C相螺丝的紧固情况并擦拭灰尘，如图4-158所示。

该间隔投运后进行局部放电带电测试，无局部放电信号。

从局部放电带电检测数据上来看，该C相刀闸母线侧接线排的紧固螺栓

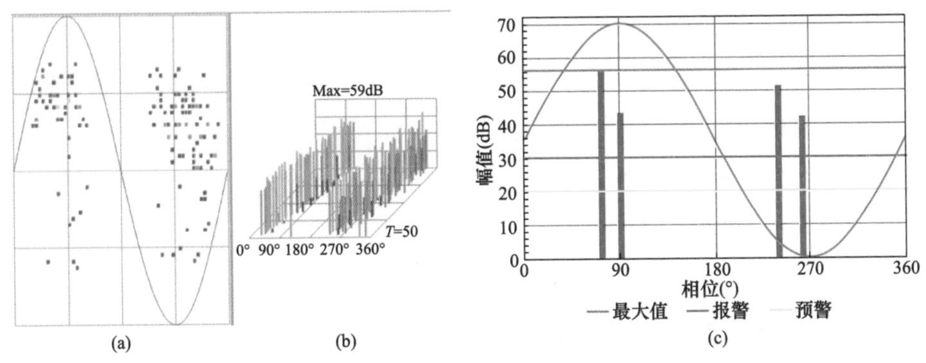

图 4-157 10kV Ⅰ母电压互感器开关柜特高频检测图谱

（a）特高频检测相位图谱；（b）特高频检测三维图谱；（c）特高频检测周期图谱

图 4-158 有异常放信号的 C 相刀闸母线侧接线排的紧固螺栓

存在悬浮放电的特征。在检修过程中发现该 C 相刀闸母线侧接线排的紧固螺栓松动，导致悬浮放电缺陷的发生。从检修情况来看也验证了局部放电带电检测数据的准确性。

【案例 6】开关柜螺栓松动故障分析

1. 故障简介

2018 年 3 月 5 日，电气试验人员在对某 110kV 变电站进行特高频局部放电测试时，发现在 35kV Ⅱ母 TV 开关柜后下柜门处存在局部放电典型绝缘放电图谱，特高频局部放电数据明显异常，通过传感器可看到明显的特高频图谱信号，故障部位如图 4-159 所示。在经过反复定位检测，确定该处存在较严重的局部放电现象。

2. 检测分析

（1）超声测试数据分析。使用 PDS-T90 的超声波模式对 35kV Ⅱ母电压互感器开关柜进行超声波信号普测，超声测试图谱如图 4-160 所示，超声测试幅值最大为 -3dB，频率成分 1 和频率成分 2 未见异常，由此判断该变电站 35kV Ⅱ母电压互感器开关柜超声无异常。

图 4-159 发现局部放电异常信号设备

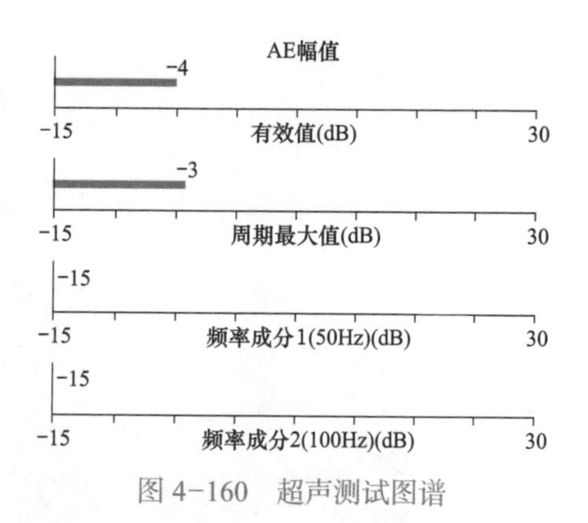

图 4-160 超声测试图谱

（2）特高频测试结果分析。使用 PDS-T90 的特高频模式对 35kV Ⅱ母电压互感器开关柜进行特高频信号普测，特高频 PRPD/PRPS 图谱如图 4-161 所示，该 110kV 变压器 35kV Ⅱ母电压互感器开关柜存在异常特高频信号，最大幅值为 56dB，一个工频周期出现两簇明显脉冲信号工频相关性强，初步判定为绝缘放电，具体需要使用 G1500 进行定性定位分析。

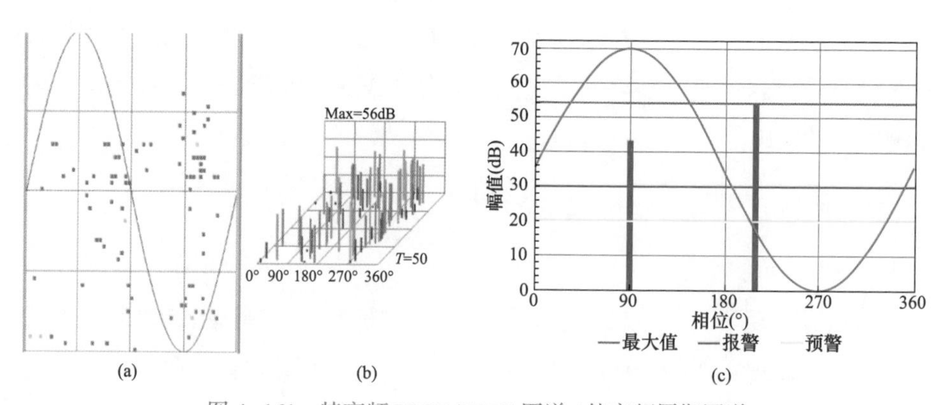

图 4-161 特高频 PRPD/PRPS 图谱 / 特高频周期图谱

（a）特高频 PRPD 图谱；（b）特高频 PRPS 图谱；（c）特高频检测周期图谱

3. 隐患处理情况

2018 年 3 月 6 日对此间隔进行停电检修，检修过程中发现 B 相电压互感器与接线排间的紧固螺丝松动，如图 4-162 所示。

(a)　　(b)

图 4-162　35kV Ⅱ母电压互感器开关柜停电检修

（a）三相电压互感器；（b）B 相电压互感器接线排紧固螺栓松动

检修人员将 B 相电压互感器与接线排间的螺丝紧固，检查 A、C 相螺丝的紧固情况并擦拭灰尘。

该间隔投运后进行局部放电带电测试，无局部放电信号。

从局部放电带电检测数据上来看，该电压互感器与接线排的紧固螺栓存在绝缘放电的特征。在检修过程中发现该电压互感器与接线排的紧固螺栓松动，导致绝缘放电缺陷的发生。从检修情况来看也验证了局部放电带电检测数据的准确性。

参 考 文 献

[1] 于群，曹娜，王业平，等. 基于现场总线的10kV高压开关柜在线检测及故障诊断系统［J/OL］. 仪器仪表学报，2002. DOI：CNKI：SUN：YQXB.0.2002-S2-100.

[2] 幸晋渝，刘念. 高压开关柜的在线监测与故障诊断技术［J/OL］. 四川电力技术，2004，27（6）：3. DOI：10.3969/j.issn.1003-6954.2004.06.002.

[3] 李超群，刘玉雷，龚泉，等. 低压开关柜故障诊断设备和诊断方法. CN202211178657.8［2023-11-16］.

[4] 刘军，王丹丹. 基于RBF神经网络的室内10kV真空开关柜故障诊断系统［J/OL］. 煤矿机电，2012，000（001）：62-66. DOI：10.3969/j.issn.1001-0874.2012.01.019.

[5] 姚震. 35kV高压开关柜故障分析与改进［J/OL］. 硅谷，2011（4）：1. DOI：10.3969/j.issn.1671-7597.2011.04.038.

[6] 刘柳. 高压开关柜故障诊断系统研究［D］. 成都：西南交通大学，2015.

[7] 王建平，杨圣. 10kV高压开关柜故障原因及防范措施探讨［J/OL］. 机电信息，2013（27）：42-43. DOI：10.3969/j.issn.1671-0797.2013.27.027.

[8] 韦科迪. 浅析10kV高压开关柜故障原因及防范措施［J/OL］. 机电信息，2012（15）：2. DOI：CNKI：SUN：JDXX.0.2012-15-058.

[9] 顾云霞，孙海文，金虎. TEV与超声波法在开关柜局部放电检测中的应用［J/OL］. 陕西电力，2012. DOI：CNKI：SUN：XBDJ.0.2012-12-006.

[10] 张伟平，陈庆祺，谢建容，等. 开关柜局部放电同步联合检测技术的应用［J/OL］. 电气应用，2013（13）：4. DOI：CNKI：SUN：DGJZ.0.

2013-13-019.

[11] 欧居勇，张苏川，陈琳，等. 基于开关柜局部放电智能在线监测系统的研究与应用［J/OL］. 华中电力，2012（3）：4. DOI：CNKI：SUN：HZDL.0.2012-03-004.

[12] 周彦，卢慧清，周辉，等. 基于内嵌式开关柜局部放电监测技术的应用研究［J/OL］. 华东电力，2012，40（12）：4. DOI：CNKI：SUN：HDDL.0.2012-12-069.

[13] 邓海. 10kV配网开关柜局部放电的声电联合检测研究［J/OL］. 电工技术，2012（2）：3. DOI：10.3969/j.issn.1002-1388.2012.02.034.

[14] 黄诗敏. 10kV开关柜局部放电带电检测技术应用与仿真分析研究［D/OL］. 北京：北京交通大学，2015. DOI：10.7666/d.Y2916240.

[15] 莫仲辉. 开关柜局部放电原因分析与处理［J/OL］. 科技创新与应用，2012（10Z）：1. DOI：CNKI：SUN：CXYY.0.2012-27-150.

[16] 郑雷. 开关柜局部放电声电波检测技术的运用［J/OL］. 高压电器，2012，48（11）：7. DOI：CNKI：SUN：GYDQ.0.2012-11-018.

[17] 郭少飞，徐玉琴，苑立国，等. 基于TEV法的开关柜局部放电带电检测试验研究［J/OL］. 河北电力技术，2012，31（5）：3. DOI：CNKI：SUN：HBJS.0.2012-05-005.

[18] 陈攀，姚陈果，廖瑞金，等. 分频段能量谱及马氏聚类算法在开关柜局部放电模式识别中的应用［J/OL］. 高电压技术，2015，41（10）：10. DOI：10.13336/j.1003-6520.hve.2015.10.020.

[19] 杨凯，张认成，杨建红，等. 基于频率约束独立分量分析的开关柜局部放电故障识别［J/OL］. 高电压技术，2014，40（11）：9. DOI：10.13336/j.1003-6520.hve.2014.11.022.

[20] 孔令明，肖云东，刘娟，等. 开关柜局部放电带电检测定位技术的应用与研究［J/OL］. 山东电力技术,2010（6）：4. DOI：CNKI：SUN：SDDJ.0.2010-06-004.

[21] 王俊波，章涛，李国伟. 在线检测10kV开关柜局部放电方法研究［J/OL］. 绝缘材料，2011，44（006）：60-64. DOI：10.3969/j.issn.1009-9239.2011.06.016.

［22］王俊波，章涛，李国伟．在线检测 10kV 开关柜局部放电方法研究［J/OL］．绝缘材料，2011．DOI：CNKI：SUN：JYCT.0.2011-06-016.
［23］章涛，王俊波，李国伟．10kV 开关柜局部放电检测技术研究与运用［J/OL］．高压电器，2012，48（10）：5．DOI：CNKI：SUN：GYDQ.0.2012-10-021.
［24］王娟．基于 UHF 的高压开关柜局部放电在线监测的研究［D/OL］．保定：华北电力大学，2007．DOI：10.7666/d.y1455249.
［25］陈庆祺，张伟平，刘勤锋，等．开关柜局部放电暂态对地电压的分布特性研究［J/OL］．高压电器，2012，48（10）：6．DOI：CNKI：SUN：GYDQ.0.2012-10-019.
［26］任明，彭华东，陈晓清，等．采用暂态对地电压法综合检测开关柜局部放电［J/OL］．高电压技术，2010（10）：7．DOI：CNKI：SUN：GDYJ.0.2010-10-022.
［27］王有元，李寅伟，陆国俊，等．开关柜局部放电暂态对地电压传播特性的仿真分析［J/OL］．高电压技术，2011，37（7）：6．DOI：CNKI：SUN：GDYJ.0.2011-07-019.
［28］董兴海．金属封闭柜内带电运行设备局部放电检测研究［J/OL］．2007．DOI：10.3969/j.issn.1006-7345.2006.04.012.
［29］郑丽，王思润．穿墙套管绝缘结构的优化设计分析［J/OL］．天水师范学院学报，2015，35（2）：3．DOI：10.3969/j.issn.1671-1351.2015.02.019.
［30］徐宁，吴剑飞，金文轩，等．一种基于分区开门结构的高压开关柜设计［J］．机电信息，2023（10）：28-31.
［31］易应宽．高压开关柜结构设计分析［J］．设备监理，2023（2）：61-63.
［32］高压开关柜停电检修与带电维修分析王楠．高压开关柜停电检修与带电维修分析［J］．中国设备工程，2023（3）：182-184.
［33］王书群．高压开关柜智能手车操作工具的设计［J］．机械管理开发，2022，37（11）：51-52.
［34］邓世杰．新型高压开关柜柜内无线测温系统［J/OL］．电世界，2009．DOI：CNKI：SUN：DSJI.0.2009-12-010.

[35] 张秀娟，孟祥忠. 智能化高压开关柜监控与故障诊断技术的研究［C/OL］// 中国煤炭学会煤矿机电一体化专业委员会，中国电工技术学会煤矿电工专业委员会学术年会. CNKI；WanFang，2004：58-61. DOI：CNKI：SUN：MKJD.0.2004-05-018.

[36] 唐志国，唐铭泽，李金忠，等. 电气设备局部放电模式识别研究综述［J/OL］. 高电压技术，2017，43（7）：15. DOI：10.13336/j.1003-6520.hve.20170628023.

[37] 谌伦作，干树川，胡骏. 网格寻优 SVM 在 GIS 局部放电故障检测中的应用［J/OL］. 四川理工学院学报：自然科学版，2018，31（5）：7. DOI：10.11863/j.suse.2018.05.09.

[38] 李宏波，朱永利，王京保. 基于多层特征融合 CNN 的变压器 PRPD 图谱识别［J/OL］. 电测与仪表，2020，57（18）：6. DOI：10.19753/j.issn1001-1390.2020.18.011.

[39] 阳平. 开关柜绝缘状态检测与故障诊断［J］. 商品与质量，2019，000（038）：196.

[40] 邵宇鹰，王枭，彭鹏，等. 基于声成像技术的电力设备缺陷检测方法研究［J/OL］. 中国测试，2021，47（7）：7. DOI：10.11857/j.issn.1674-5124.2020070052.

[41] 侯春光，张润奇，曹云东，等. 开关柜局部放电信号抗干扰算法研究［J］. 低压电器，2020，000（012）：22-27.

[42] 程实，陈道强，唐世虎，等. 特高频带电检测技术在 GIS 设备中的应用研究和验证［J/OL］. 电工技术，2021（11）：4. DOI：10.19768/j.cnki.dgjs.2021.11.052.

[43] 李彦瑭，沈一，潘欣裕，等. 基于麦克风阵列的声源定位系统研究［J/OL］. 物联网技术，2021，11（7）：3. DOI：10.16667/j.issn.2095-1302.2021.07.009.

[44] 周文潮，周子涵，靳冲. 基于 SVM 的变压器局部放电故障诊断研究［J］. 铁路通信信号工程技术，2022，19（S01）：137-140.

[45] 李宇涛. 带电局放检测技术在钢铁企业供配电系统中的应用［J/OL］. 冶金动力，2011（4）：3. DOI：10.3969/j.issn.1006-6764.2011.04.003.

[46] 刘尹，周青，龚之光. 开关柜局放在线检测应用探讨 [J/OL]. 华东电力，2012，40（6）：3. DOI：CNKI：SUN：HDDL.0.2012-06-056.

[47] 曾虎，李川，李英娜，等. 联合高频脉冲与超声波信号的局放估计 [J/OL]. 传感器与微系统，2016，35（8）：4. DOI：10.13873/J.1000-9787（2016）08-0037-03.

[48] 刁均伟，胡泉伟，陈建民. 变电站高压室开关柜局放放电源定位方法研究 [J/OL]. 信息系统工程，2014（11）：4. DOI：10.3969/j.issn.1001-2362.2014.11.082.

[49] 李凯，王国斌，谢佳，等. 定位技术在35kV开关柜局放检测中的应用分析 [J/OL]. 湖南电力，2016，36（2）：3. DOI：10.3969/j.issn.1008-0198.2016.02.024.

[50] 桑前浩，蔡伟，杨勇，等. 一起开关设备局放异常分析 [J]. 电工技术，2022（23）：179-180.

[51] 张雄清，刘黎，金海龙. 35kV开关柜局放检测异常分析及处理 [J/OL]. 电气技术，2013（6）：3. DOI：10.3969/j.issn.1673-3800.2013.06.016.

[52] 李宾宾，张健，柯艳国，等. 基于暂态地电压的开关柜局放特征提取及类型识别方法研究 [J/OL]. 高压电器，2018，54（3）：8. DOI：CNKI：SUN：GYDQ.0.2018-03-006.

[53] 赵祺. 10kV真空断路器维护与状态检修的探讨 [J/OL]. 供用电，2008，25（5）：3. DOI：CNKI：SUN：GYDI.0.2008-05-014.

[54] 王弈辰，郭健. 基于状态检修理念的10kV真空断路器检修方案研究 [J/OL]. 机电信息，2015（09）：85-86. DOI：CNKI：SUN：JDXX.0.2015-09-051.